PLATONISME MATHÉMATIQUE ET NATURALISME

Ouverture philosophique

Collection dirigée par Jean-Marc Lachaud et Bruno Péquignot

Une collection d'ouvrages qui se propose d'accueillir des travaux originaux sans exclusive d'écoles ou de thématiques.

Il s'agit de favoriser la confrontation de recherches et des réflexions, qu'elles soient le fait de philosophes « professionnels » ou non. On n'y confondra donc pas la philosophie avec une discipline académique ; elle est réputée être le fait de tous ceux qu'habite la passion de penser, qu'ils soient professeurs de philosophie, spécialistes des sciences humaines, sociales ou naturelles, ou... polisseurs de verres de lunettes astronomiques.

Dernières parutions

Paul Vancassel, *Une histoire des regards photographiques*, 2021
Paul Vancassel, *Penser les regards photographiques*, 2021
Frédéric Bovagne, *De la mort de Dieu à la guerre des dieux, L'ordre politique à l'épreuve du nihilisme, I*, 2021
Frédéric Bovagne, *De la mort de Dieu à la guerre des dieux, L'ordre politique à l'épreuve du nihilisme, II*, 2021
Thomas Balivet, *Mathématisation et philosophie de la connaissance de Galilée à Euler*, 2021.
Issoufou Soulé MOUCHILI NJIMOM, *Sciences et politique. Réflexions sur des fondements de la dynamique culturelle contemporaine*, 2020.
Geoffroy DE CLISSON, *Les Anti-Humanistes*, 2020.
Gilles R. CADRIN, *L'être humain face à lui-même. L'animal autoréférent.* Nouvelle édition, 2020.
Alexandra IBANES, *La philo à l'école primaire, Témoignage d'une enseignante*, 2020
Jonathan DAUDEY, *Nietzsche et la question des temporalités. Lecture en trois temps*, 2020.
Seyedvahid YAGHOUBI, *L'esthétique de la courbe dans la poésie surréaliste*, 2020.
Raymond MATAND MAKASHING, Michel Serres, Hans Jonas, Edgar Morin et l'écologie profonde, 2020.

Bertrand Dosne

PLATONISME MATHÉMATIQUE ET NATURALISME

L'Harmattan

5-7, rue de l'École-Polytechnique, 75005 Paris

http://www.editions-harmattan.fr

ISBN : 978-2-343-22135-9
EAN : 9782343221359

Cet ouvrage est basé sur le mémoire de recherche soutenu
par Bertrand Dosne en septembre 2020,

Sous la direction de Valeria Giardino,

Dans le cadre du
Master 2 – Logique, épistémologie et histoire des sciences,

Proposé par le département philosophie de l'UFR Sciences humaines
et sociales, Université de Lorraine.

Remerciements

Je tiens à remercier Valeria Giardino pour sa bienveillance et les nombreuses heures consacrées à échanger autour de mon travail. Son exigence et ses conseils toujours pertinents m'ont amené à affiner dans le détail ma réflexion.

J'exprime également ma gratitude et mon amour à mon épouse Cécile et à mes trois enfants – Alexandre, Gabriel et Matthieu – pour leur patience aimante et leur compréhension sans faille pour mes longs moments d'indisponibilité, dédiés à la rédaction de cet ouvrage.

Sommaire

Introduction

Lors d'un colloque sur la philosophie des mathématiques de l'ENS Ulm en 2000, le philosophe Pascal Engel a fondé son intervention sur la question suivante : peut-on naturaliser le platonisme mathématique (Engel 2010) ? Son argumentation s'appuyait en particulier sur le commentaire de deux propositions de naturalisation, l'une du mathématicien Roger Penrose et l'autre de la philosophe Penelope Maddy. Nous nous proposons dans ces pages de reprendre la question posée par Engel et de l'examiner au regard des développements récents des sciences cognitives. Un double mouvement motive en effet l'approfondissement de cette question.

La philosophie tout d'abord, qui historiquement considérait la raison comme outil principal d'exploration et de résolution des questions philosophiques, a vu se développer en son sein une tendance forte, portée en particulier par le philosophe américain Willard Van Orman Quine dans le premier tiers du 20e siècle : le naturalisme. Nous détaillerons comment cette doctrine – nourrie par les extraordinaires succès obtenus par les sciences depuis le 18e siècle, tant au niveau technologique que conceptuel – entend fonder la réflexion philosophique sur les connaissances du monde naturel rassemblées par ces mêmes sciences.

En parallèle et à quelques décennies d'intervalle, l'apparition des sciences cognitives au milieu du 20e siècle – en particulier l'intelligence artificielle et les neurosciences – a permis d'envisager de comprendre et de modéliser les processus mentaux à l'œuvre dans un cerveau humain. En retraçant la naissance et le développement de ces sciences, nous constaterons que ces deux mouvements, naturalisme et sciences cognitives, tendent à se rejoindre vers un même but : la naturalisation de la philosophie de l'esprit. Mais la convergence – certains doutent même de sa possibilité – ne s'est toujours pas opérée dans une version satisfaisante et consensuelle.

C'est donc dans ce cadre, à la fois philosophique et scientifique, que nous tenterons de situer le platonisme mathématique. Après avoir rappelé les grands enjeux de cette position philosophique, nous nous questionnerons sur la légitimité d'une approche naturaliste du platonisme. Nous examinerons en particulier la proposition de Penrose – dont les travaux sur les trous noirs ont été récompensés par le prix Nobel de physique 2020 – ses modalités de naturalisation et les objections qu'elle a suscitées pour, enfin, tenter de dégager les caractéristiques et les limitations d'une éventuelle naturalisation du platonisme mathématique.

Le naturalisme en philosophie

> « Aucune philosophie n'a jamais pu mettre fin à la philosophie et pourtant c'est là le vœu secret de toute philosophie. »
>
> GEORGES GUSDORF[1]

Fonder la philosophie sur les sciences

On dispose de traces historiques anciennes de démarches rationnelles ou systématiques de compréhension du monde ; ainsi le papyrus de Rhind témoigne-t-il par exemple du perfectionnement du calcul chez les Égyptiens, plus de mille ans avant les mathématiques grecques (Goichot 2016). Il est cependant permis de penser que chez les civilisations anciennes, l'arrière-plan théorique et ontologique soit resté relativement subordonné à un substrat de croyances religieuses. Une rupture semble apparaître avec la philosophie grecque, qui incluait alors des champs disciplinaires relevant de nos sciences modernes : certains auteurs attribuent en effet aux penseurs grecs une volonté spécifique d'aborder les différentes questions par un travail de la raison seule (Ducret et Cellérier 2019), préparant par là même le terrain à la rationalité scientifique.

Si par la suite philosophie et sciences restent intimement liées au cours des siècles, les secondes tendent à s'émanciper et s'autonomisent durant les révolutions scientifiques du 16e et 17e siècle. La démarche scientifique développe à cette époque les qualités qui la caractérisent : souci de rigueur, recours à

[1] (Gusdorf 1953, p. 7)

l'instrumentation, nécessité de preuves expérimentales et refus de l'explication des phénomènes par des croyances divines, magiques ou plus généralement surnaturelles. Le philosophe italien Paolo Parrini cite ainsi le cas d'Isaac Newton (Parrini 2009) :

> *« L'œuvre de Newton, par exemple, […] porte le titre Philosophiae naturalis principia mathematica. Après cet ouvrage pourtant, la physique a suivi un chemin qui l'a résolument affranchie de la pensée spéculative. Quelque chose de semblable s'est produit dans d'autres domaines de ce qui constituait auparavant le savoir philosophique. »*

De son côté la philosophie se positionne d'une certaine façon en surplomb des sciences : elle conserve comme *credo* fondamental l'idée que toute question peut être abordée, analysée et si possible résolue par l'activité de l'esprit, celle-ci incluant la raison critique, l'intuition ou le sens commun.

Cependant, comme le rappelle Gaston Bachelard, « la science crée […] de la philosophie » (Bachelard 2013, p. 7; Lecourt 2018, p. 96) et certains scientifiques parmi les plus éminents – tels Leibniz, Pascal et plus récemment Poincaré – poursuivent la production d'un important travail philosophique, conjointement à leur activité scientifique. Malgré cela, l'éloignement entre philosophie et sciences continue de croître durant les deux derniers siècles, comme le rappelle le physicien et épistémologue Hervé Zwirn, qui évoque aussi les incompréhensions qui se sont installées (Zwirn 2014) :

> *« Les liens entre ces deux champs de pensée se sont largement distendus durant le XXe siècle. À tel point qu'on peut dire aujourd'hui qu'une certaine méfiance, sinon une hostilité, s'est instaurée entre scientifiques et philosophes. Les premiers reprochent aux seconds de ne pas connaître leur*

> *discipline ; les seconds considèrent que les premiers ne savent prendre aucun recul par rapport à leurs calculs. »*

Une hostilité qu'illustre par exemple le « conseil aux philosophes » adressé avec un certain agacement par le mathématicien Didier Nordon aux philosophes qui « s'appuient sur des exemples mathématiques éculés » (Collectif 2019, p. 5) :

> *« D'où ce conseil à ceux qui théorisent sur les mathématiques. Libre à vous de recourir à des concepts incompréhensibles aux non-philosophes. Mais, dans ce cas, veuillez bien à ce que vos exemples soient incompréhensibles aux non-mathématiciens ! »*

Le mathématicien Jean-Paul Delahaye affirme de son côté que « la science enrichit la philosophie et la renouvelle, plus que l'inverse », et que ce constat « fait apparaître la philosophie comme une entrave à la science, en même temps qu'elle rend inacceptables les prétentions de certains philosophes à dire aux chercheurs comment ils doivent travailler » (Delahaye 2000).

On comprend ainsi pourquoi Zwirn souligne, dans son article, la nécessité d'un rétablissement du dialogue entre scientifiques et philosophes, « pour le bénéfice de la connaissance au sens le plus large du terme ». Or on peut considérer le naturalisme comme une réponse possible à cette demande.

En effet, si des positions ou des tendances naturalistes se sont manifestées en philosophie depuis l'antiquité, le naturalisme va connaître un renouveau marqué à la faveur du développement des sciences et des résultats spectaculaires obtenus ces deux derniers siècles dans de nombreuses disciplines scientifiques. Le philosophe Daniel Andler distingue deux périodes essentielles qui ont précédé le naturalisme contemporain auquel nous allons nous intéresser : un « archéo-naturalisme » apparaît tout d'abord au 19e siècle, « lié à des thèses empiristes et matérialistes et largement déterminé par son opposition à l'idéalisme dominant » (Andler 2016, p. 35). Puis au début du 20e siècle, favorisé par des rapprochements théoriques entre sciences du vivant et sciences physiques, un « Nouveau Naturalisme », aux racines américaines, s'appuie sur l'empirisme anglais et l'empirisme logique européen. Ces deux courants vont finalement aboutir dans la seconde moitié du 20e siècle à l'émergence du naturalisme scientifique contemporain, dont l'un des plus éminents fondateurs – et l'un des plus radicaux également – est le philosophe américain Willard V. O. Quine.

Ainsi Quine considérait-il que « la seule évidence possible sur laquelle l'on peut fonder notre connaissance est empirique et qu'il ne revient qu'aux sciences – et non pas à des arguments philosophiques *a priori* – de fournir cette évidence » (cité dans Panza et Sereni 2013, p. 421). Quine était fondamentalement empiriste et réaliste : nos connaissances se fondent sur l'expérience sensible, et la réalité du monde est indépendante de nos perceptions et de nos jugements à son égard (Olivier 2015, p. 226). Cependant, ses travaux sur le langage et sur la vérité des énoncés l'amènent à conclure qu'il « n'existe pas d'épistémologie empiriste qui soit susceptible de fonder le savoir […] du moins à l'échelle de l'énoncé » (*ibid.*, p. 236). Il développe en effet les concepts d'indétermination de la traduction (d'un langage à un autre) et de sous-détermination des théories scientifiques[2], qui sapent les fondements de l'approche empiriste. Pour éviter l'écueil du scepticisme, il propose alors de définir une nouvelle épistémologie, naturalisée (Quine 2008a, p. 87) :

---

[2] Dans le cas des théories scientifiques qui nous intéresse en particulier dans notre démarche, Quine soutient la thèse selon laquelle des théories différentes peuvent engendrer des ensembles de prévisions observables identiques, impliquant par là même l'impossibilité de les départager.

> « *[L'épistémologie] étudie un phénomène naturel, à savoir un sujet humain physique. Ce sujet humain est accordé à une certaine entrée que l'on contrôle expérimentalement [...] [et] fournit comme sortie une description du monde extérieur tri-dimensionnel ainsi que l'histoire de celle-ci.* »

On reconnaît ici la logique qui prévaudra à la démarche des sciences cognitives, et en particulier des neurosciences : considérer le sujet comme faisant partie de la nature, et étudier ses réactions cognitives à des stimulus expérimentaux. Pour Quine, la « sortie » évoquée devient alors la pierre de touche de cette épistémologie naturalisée : c'est la « phrase d'observation » (*ibid.*, p. 103) :

> « *Les phrases d'observation sont précisément celles que nous pouvons associer à des circonstances observables, [...] indépendamment des variantes entre les histoires passées des informateurs éventuels. [...] La phrase d'observation [...] est le paquet vérifiable minimal ; elle a un contenu empirique entièrement à elle et qu'elle porte sur ses épaules.* »

Il s'agit là de la vision quinéenne du naturalisme, qui aura un énorme impact sur les philosophes qui ont suivi ses pas. Cependant, à l'image de bien d'autres domaines philosophiques, le naturalisme se décline en de multiples nuances ; celles-ci coexistent dans un espace dogmatique très riche, dans lequel, par exemple, la demande radicale de réduire nécessairement tout débat philosophique à une question scientifique peut s'opposer à une attente plus modérée de résoudre de ces mêmes débats en s'appuyant sur des résultats scientifiques (Panza et Sereni 2013, p. 420). Cette grande diversité des courants recouverts par le terme naturalisme, ainsi que les doctrines et points de vue associés, pourrait laisser craindre une impossibilité d'en fixer une définition unifiée. C'est une problématique abordée par Andler, qui constate que « de fait, le concept de naturalisme semble très élastique » (Andler 2016, p.

30). Cependant, après étude des différentes tendances, Andler en arrive à se forger la conviction suivante (*ibid.*, p. 31) :

> *« S'il recouvre certainement une pluralité d'acceptations [...], le naturalisme rassemble des positions qui ont entre elles un air de famille prononcé. Il y a certes quelques grandes oppositions au sein du naturalisme, mais elles sont finalement peu nombreuses et ne se comprennent que relativement à une vision partagée. »*

Le philosophe américain John Symons présente dans son ouvrage (Symons 2005, p. 13) les deux idées primordiales qui fondent cette « vision partagée » naturaliste :

(N1) Le monde naturel est constitué de tout ce qui est.

(N2) Ce monde naturel est notre unique source de connaissance.

Le premier point (N1) nécessite de pouvoir décider « ce qui est » ; on retient communément pour cela le critère d'engagement ontologique proposé par Quine : sous réserve d'exprimer une théorie scientifique que nous tenons pour vraie dans une forme logique « canonique » (Panza et Sereni 2013, p. 417), Quine propose qu'un objet x existe dès que la théorie en question contient une assertion « $\exists x, \mathcal{A}(x)$ », dans laquelle $\mathcal{A}$ est un prédicat et x une variable libre (Quine 2008b, pp. 107-129). En clair, les entités nécessaires à la vérité d'une théorie scientifique éprouvée se doivent d'exister.

Les sciences se présentant comme les disciplines par excellence d'exploration et de connaissance du monde physique dans ses différents aspects, les naturalistes les tiennent comme sources privilégiées et point de départ de leur analyse philosophique : c'est l'idée centrale de (N2). Symons confirme cette revendication essentielle du naturalisme philosophique (Symons 2005, p. 19) :

« Les naturalistes de tous bords croient que le réel dans sa totalité […] peut être compris comme constituant un seul et même ordre naturel. […] Il n'est donc rien dans la nature dont l'explication exigerait qu'il soit fait référence à quelque chose d'extérieur à l'ordre causal de la nature. […] Le monde naturel est causalement clos. »

Il ajoute que cette clôture causale ne doit pas être considérée comme un concept métaphysique, mais plutôt comme un principe méthodologique. Cette approche rejoint la méthode scientifique en ce qu'elle conduit au rejet des explications ou justifications surnaturelles aux phénomènes du réel.

S'il est préférable d'éviter l'écueil de plonger dans les différences pouvant exister entre les divers courants évoqués un peu plus tôt, il est en revanche primordial de discerner, comme le soulignent David M. Armstrong (Armstrong 1999) et Andler (Andler 2016, pp. 42-47), deux grandes tendances dans le naturalisme : l'une ontologique et l'autre épistémologique. La différence entre ces deux visions porte sur l'interprétation et l'importance accordée aux principes (N1) et (N2) présentés par Symons.

Le naturalisme épistémologique met ainsi l'accent sur le principe (N2) : « les théories scientifiques constituent la source unique de connaissance authentique » (Panza et Sereni 2013, p. 422) et ont donc à ce titre la primauté, voire l'exclusivité, de la connaissance sur la raison. D'un point de vue plus général, le naturalisme épistémologique affirme que notre connaissance de la réalité est étroitement liée à nos capacités de connaissance de la nature (Andler 2016, p. 42), capacités englobant donc les démarches scientifiques. Une telle position n'interdit pas par ailleurs le développement d'une métaphysique, et en particulier l'existence d'un « au-delà », transcendant, extérieur à notre univers physique ; la condition requise est uniquement que cet éventuel « arrière-monde » ne puisse interagir causalement avec le monde naturel.

En revanche, c'est précisément cette potentielle transcendance qui est rejetée par le naturalisme ontologique. Cette thèse, tout en adoptant pleinement le principe épistémologique (N2), affirme plus fermement le principe (N1) : ne peuvent prétendre à « l'existence » que les entités requises par nos théories sur le monde naturel, et uniquement celles-ci. Le naturalisme se présente alors sous cet angle comme une forme de monisme métaphysique.

A ces deux thèses, communes aux différents courants de naturalisme, Andler propose d'ajouter le principe constituant le cœur de l'épistémologie naturalisée de Quine, que nous avons évoqué un peu plus tôt :

(N3) La connaissance que nous pouvons avoir de la nature est elle-même un processus naturel (*ibid.*, p. 42).

Cette troisième thèse (N3) permet de nourrir la réflexion autour d'une question fondamentale : le naturalisme se présente comme une méthode qui tend à assoir la réflexion philosophique sur les sciences, mais dans notre quête particulière d'une analyse naturaliste du platonisme mathématique, sur quelles sciences s'appuyer ? Si diverses disciplines peuvent prétendre apporter des réponses, la thèse de Quine nous oriente spontanément vers un groupement très particulier de sciences – dont l'épistémologie naturalisée constitue implicitement un substrat philosophique – qui selon Andler est l'une des sources principales d'enrichissement du naturalisme (*ibid.*, p. 41) : les sciences cognitives.

L'émergence des sciences cognitives

Dans la décennie 1660, Leibniz propose d'appliquer les concepts liés au calcul à la pensée même, en affirmant que

« penser, c'est calculer » (Mugnai 1999). Cette vision se développe progressivement par la suite, notamment au 19e siècle avec les travaux en logique de Georges Boole, mais prend corps en une brusque accélération à partir du premier tiers du 20e siècle. En 1936 le mathématicien Alan Turing propose ainsi son modèle conceptuel – les machines de Turing – qui permet de formaliser tout calcul en une suite d'opérations élémentaires. Cette approche se voit complétée quelques années plus tard, en 1945, par l'architecture logique proposée par le mathématicien John Von Neumann, décrivant le fonctionnement d'une unité appelée processeur et s'appuyant sur une mémoire (Bloch 2003, pp. 24-28). Ces deux contributions constituent une percée conceptuelle qui fondent l'informatique en tant que science et permettent l'apparition des premiers ordinateurs. Très rapidement, ces ordinateurs dépassent le simple statut de supercalculateurs et sont utilisés en tant que « systèmes autorégulés », tels les modules de pilotage automatique dans les avions, capables de modifier leur fonctionnement selon des informations reçus du monde extérieur, leur conférant une apparence d'autonomie. Le mathématicien Norman Wiener propose alors le terme de « cybernétique » pour désigner l'étude de tels systèmes, et suggère que ces derniers pourraient fonctionner selon les mêmes contraintes et les mêmes lois que les systèmes vivants, quelle que soit leur échelle[3].

Cette idée, parmi d'autres, est discutée au début des années cinquante lors d'une série de rencontres pluridisciplinaires à New-York – les « conférences Macy » – réunissant entre autres des mathématiciens, des anthropologues, des linguistes, des psychologues. La cybernétique conduit par ailleurs naturellement au concept d'intelligence artificielle (IA), dont le premier séminaire se tient en 1956 à Dartmouth au Canada et

---

[3] L'historique proposé s'appuie sur le travail synthétique de Jean-François Dortier dans (Lepeltier 2013, pp. 110-115) et (Dortier 2001).

au cours duquel est présenté le premier programme capable de démontrer des propositions par un procédé syllogistique.

La même année 1956 voit se produire deux autres événements marquants pour les sciences cognitives naissantes. Deux professeurs de Harvard, Jerome S. Bruner et George Miller, s'écartent du behaviorisme dominant alors la psychologie et posent les bases de ce qui deviendra la psychologie cognitive, dont « la démarche consiste à essayer de révéler les stratégies mentales utilisées par des sujets face à un problème » (Lepeltier 2013, p. 112). Par ailleurs, le linguiste Noam Chomsky développe une nouvelle théorie linguistique, la grammaire générative (GG), dont le principe central – l'existence de capacités innées pour le langage dans le cerveau – conforte le but des chercheurs en IA : produire la pensée à partir d'un nombre fini de mécanismes primordiaux. La proximité supposée du fonctionnement cerveau/ordinateur sera d'ailleurs la base d'un « modèle symbolique de l'esprit » proposé par le philosophe Jerry Fodor dans les années soixante-dix.

Cependant, la quête de l'IA de la production de pensée ainsi que la relation entre le cerveau et l'esprit divisent les philosophes ; les décennies soixante-dix et quatre-vingts voient plusieurs courants apparaître. Citons, parmi d'autres, les interventions de John R. Searle, qui présente notamment son expérience de pensée dite de « la chambre chinoise » (reprise et commentée par Penrose dans (Penrose et Gardner 1992, p. 19)) pour tenter de prouver qu'une machine ne peut accéder au sens, et celle du philosophe naturaliste Daniel Dennett, qui soutient au contraire que la pensée peut résulter d'une activité algorithmique et qui critique l'idée d'un siège unique de la pensée dans le cerveau, un « théâtre cartésien » (Symons 2005, p. 132).

A partir de 1975, il apparaît clairement qu'un certain nombre de disciplines scientifiques concourent aux mêmes buts et qu'une certaine unité épistémologique se révèle autour du modèle de Jerry Fodor et de l'étude du traitement symbolique du cerveau. C'est la naissance des sciences cognitives en tant que discipline unifiée, concrétisée institutionnellement aux États-Unis par des financements, la création d'un journal – *Cognitive science* en 1977 – et d'une société savante à la fin des années soixante-dix. La fondation privée Alfred P. Sloan, financeur de ce nouveau champ scientifique, fait produire un premier rapport en 1978, dans lequel on trouve pour la première fois l'hexagone comportant les disciplines idéalement rassemblées sous l'étendard des sciences cognitives (*cf.* Figure 1).

Mais cette jeune discipline évolue très vite et connaît divers bouleversements paradigmatiques. Ainsi dès les années quatre-vingt la recherche en IA semble stagner, malgré des succès, et le modèle de Fodor est mis en question. Cette impasse laisse la place au développement du connexionnisme, théorie qui conçoit l'activité mentale comme une somme de processus neuronaux indépendants les uns des autres, sans coordination centralisée.

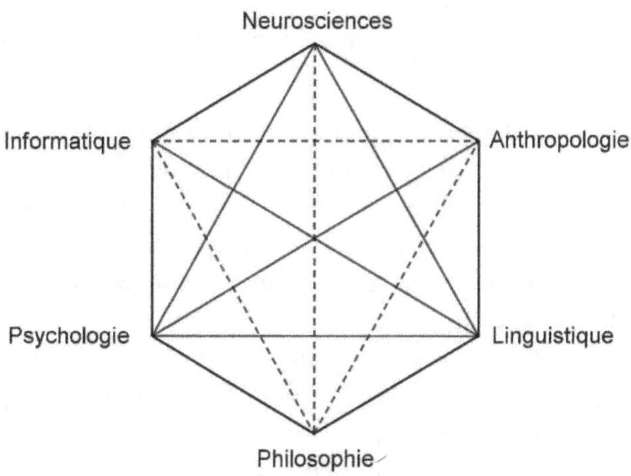

Figure 1 – Hexagone des sciences cognitives

Dans les années quatre-vingt-dix, le « centre de gravité » des sciences cognitives se déplace : si jusqu'alors l'IA se présentait comme la discipline centrale, le développement des technologies d'exploration de l'activité du cerveau – scanner, IRM, tomographie – permet aux neurosciences de prendre la tête des recherches cognitives. Le rôle que se donnent les neurosciences ne se limite d'ailleurs pas aux seules observations ; il inclut également la réflexion sur les processus cognitifs mis en jeu dans le cerveau.

Où en sont les sciences cognitives aujourd'hui ? Rafael Nùñez, chercheur dans cette discipline, dresse un bilan critique et finalement assez sévère (Nùñez et al. 2019), basé sur deux axes d'analyse. D'un point de vue bibliométrique, il fait d'abord observer qu'une grande majorité des travaux rattachés aux sciences cognitives appartiennent au domaine de la psychologie, et en parallèle que très peu de neuroscientifiques choisissent de publier dans la revue dédiée *Cognitive Science*. Du point de vue institutionnel ensuite, Nùñez constate que les écoles doctorales proposant des doctorats en sciences cognitives sont dirigées par des enseignants-chercheurs formés dans une et une seule des disciplines parentes, tandis que les cursus proposés au premier cycle universitaire manquent selon lui singulièrement de cohérence.

Pour Nùñez, l'idéal originel d'interdisciplinarité n'a pas été concrétisé et s'est mué en multidisciplinarité : les différentes disciplines de la galaxie des sciences cognitives fournissent des analyses d'un même sujet d'étude sous plusieurs angles, mais sans produire de modèle synthétique et unifié. Mais si ce bilan pose sérieusement question quant à l'avenir de l'aventure des sciences cognitives, les résultats accumulés durant les dernières décennies restent cependant suffisamment pertinents pour essayer de jeter un éclairage nouveau sur les tentatives de naturalisation du platonisme mathématique.

Le platonisme mathématique

> « Hamlet, acte III, scène I : To be or not to be, that is the question. Être ou ne pas être, c'est aussi la question en mathématiques. »
>
> NORBERT VERDIER [4]

Un réalisme ontologique des entités mathématiques

Il existe indéniablement un sentiment partagé, consciemment ou pas, par toute personne – élève, étudiant, mathématicien – qui pratique les mathématiques. On dispose de nombreux écrits de mathématiciens exprimant ce sentiment. Ainsi le mathématicien Alain Connes le décrit-il avec justesse comme la sensation que les objets et théorèmes mathématiques appartiennent à « une réalité plus stable que la réalité matérielle qui nous entoure » (Changeux et Connes 1992, p. 28). Il poursuit plus précisément sa description (*ibid.*, pp. 48-49) :

> *« [...] il existe indépendamment de l'homme une réalité mathématique brute et immuable [...] Quand je parle d'existence indépendante de la réalité mathématique, je ne la localise absolument pas dans la réalité physique. [...]*

On trouve dans (Dehaene 2014, p. 266) les citations de deux autres mathématiciens, Godfrey Hardy et Charles Hermite, qui montrent un remarquable accord vis-à-vis de ce ressenti introspectif. Ainsi, selon Hermitte :

---

[4] (Verdier 1997, p. 71).

« Je crois que les nombres et les fonctions de l'Analyse ne sont pas le produit arbitraire de notre esprit ; je pense qu'ils existent en dehors de nous avec le même caractère de nécessité que les choses de la réalité objective, et que nous les rencontrons ou les découvrons, et les étudions, comme les physiciens, les chimistes et les zoologistes. » (Hermite)

Cette intuition, Platon l'intégrait déjà il y a plus de deux mille ans à sa vision philosophique ; il prêtait de manière générale une existence véritable aux « Formes (ou Idées) immuables, visibles à la seule intelligence, et distinctes de ce que nos sens nous donnent à connaître de façon confuse et mouvante »[5]. Pour Platon, les idées, les formes et les concepts existent selon une modalité propre dans un monde de perfection, duquel procèdent les objets concrets et imparfaits du monde sensible. Ce réalisme des « idées », Platon l'appliquait aux idéalités mathématiques. Ainsi n'hésitait-il pas à assoir ses raisonnements et son argumentation sur des exemples mathématiques issus de l'arithmétique et de la géométrie, en particulier dans *La République* et la *Lettre VII*, dans lesquels on trouve l'essentiel de sa philosophie des mathématiques.

Cette position philosophique vis-à-vis des mathématiques constitue finalement un réalisme ontologique, communément nommé « platonisme mathématique » et reposant sur trois principes essentiels :

(P1) Les entités mathématiques possèdent une existence propre.

(P2) Les entités mathématiques sont des objets abstraits.

(P3) Ces objets mathématiques sont indépendants de la connaissance que nous en avons.

[5] « Platonisme » dans (Bourgeois 2006, p. 865).

On constate d'emblée que ces affirmations soulèvent de délicates questions concernant les notions d'objet, d'existence, d'abstraction et de connaissance. Nous examinerons un peu plus loin certains de ces aspects via le prisme des science cognitives. Dans l'immédiat, bornons-nous à proposer deux définitions, opératives à défaut d'être pleinement consensuelles.

Concernant (P2), on qualifiera tout d'abord d'*abstrait* un objet qui n'est pas susceptible de recevoir une localisation spatio-temporelle. Les entités mathématiques répondent parfaitement à cette définition : aucun objet mathématique ne trouve de représentation parfaite dans le réel, on ne peut donc leur assigner ni position spatiale, ni repère temporel. La vérité des propositions mathématiques semble de plus indépendante du temps : ces vérités sont « éternelles ».

Ensuite, dans la lignée de Quine, nous pouvons dans le cadre de (P1) conditionner l'existence d'un objet à son utilisation dans un énoncé scientifique que l'on tient pour vrai : l'égalité de Pythagore – énoncé mathématique démontré vrai – rendrait ainsi *nécessaire* l'existence des triangles rectangles.

Ces définitions ont l'avantage de s'accorder avec les deux arguments classiques présentés en faveur du réalisme mathématique. Le premier argument fut proposé par Gottlob Frege : attendu que des énoncés mathématiques contiennent des termes singuliers se référant à des objets mathématiques, et que des énoncés mathématiques sont vrais, on en conclut la nécessaire existence de ces objets mathématiques. Le second raisonnement est connu sous le nom « d'argument d'indispensabilité », soutenu en particulier par Quine et Putnam : certaines entités se révèlent indispensables aux meilleures théories scientifiques, et parmi elles on compte les entités mathématiques. Nous sommes donc amenés à croire à l'existence des entités mathématiques[6].

Le platonisme mathématique présente l'avantage de cadrer parfaitement avec l'intuition commune ressentie durant la pratique mathématique[7], mais il souffre néanmoins de certaines difficultés ; la plus prégnante est d'ordre épistémique. En effet, si les entités mathématiques « habitent » un monde séparé du monde sensible – c'est la métaphysique sous-jacente au platonisme mathématique – comment expliquer que l'esprit humain puisse se « connecter » à ce monde et prendre « connaissance » des vérités mathématiques ?

Face à ses questions, d'autres approches philosophiques des mathématiques se sont développées. Les positions alternatives, par exemple le formalisme de Hilbert, ont notamment connu un essor et un retentissement certain dans les milieux scientifiques et philosophiques à la fin du 19e siècle et dans le premier tiers du 20e siècle, nourries par le grand mouvement d'arithmétisation de l'analyse, le souci d'un fondement rigoureux des mathématiques ainsi que la découverte et l'étude des grandes structures algébriques. Ces différentes approches proposent leurs propres définitions et appréhension des vérités mathématiques, ce qui aurait pu laisser espérer amender ou même remplacer le platonisme mathématique par une théorie dénuée de ses faiblesses. Malheureusement, le philosophe Paul Benacerraf ruine ces espoirs en dressant, à la fin du 20e siècle, le constat accablant qu'aucune de ces propositions n'est en mesure d'offrir une vision satisfaisante et cohérente sur ces questions.

---

[6] Notre présentation du platonisme mathématique s'appuie sur l'article synthétique proposé par Felipe Bravo (Bravo 2017).

[7] Le philosophe Hervé Barreau évoque un « platonisme vulgaire », défini comme « la philosophie spontanée de tout mathématicien » (Barreau 2013, p. 36).

Le dilemme de Benacerraf

On ne peut en effet parler de platonisme mathématique sans évoquer l'article qui aura lancé un extraordinaire défi à tous les philosophes des mathématiques, « la vérité mathématique » de Paul Benacerraf[8]. Dans ce célèbre article de 1973, Benacerraf s'attache à cerner et mettre en lumière les difficultés d'articulation entre la vérité et la connaissance des assertions mathématiques. Il y constate en effet que les tentatives – légitimes – d'établir dans un même mouvement une explication satisfaisante de la vérité mathématique d'une part, et de la connaissance mathématique d'autre part, se soldent par des échecs ; selon lui l'explication en est que ces deux démarches tendent *in fine* à s'exclure ou à se neutraliser mutuellement.

Pour fonder son raisonnement, il distingue deux types d'approche de cette question : les approches syntaxiques des écoles formalistes – qu'il nomme « combinatoires » – et celle relevant d'un réalisme platonicien, qu'il qualifie de « standard ».

Les approches combinatoires esquivent d'une certaine manière le problème de la connaissance en réduisant les mathématiques à un jeu formel et logique. Ainsi dans cette perspective les mathématiques n'ont-elles aucun objet susceptible d'une connaissance, elles ne sont que des compositions d'axiomes dérivées selon un ensemble de règles. La vérité s'y confond avec la notion de prouvabilité : une assertion mathématique est vraie lorsqu'il en existe une démonstration, c'est-à-dire une suite logique de théorèmes articulés entre eux par les règles d'inférence et qui conduit à l'assertion. Les approches syntaxiques semblent alors proposer une vision cohérente, conciliant vérité et connaissance mathématiques, mais souffrent de deux faiblesses. Tout d'abord elles n'apportent pas de réponse unique et claire à la question

[8] Voir (Benacerraf 1973) pour la version originale et (Gandon et Smadja 2013, pp. 75-96) pour une traduction française.

de la sémantique, c'est-à-dire au choix des modalités pour attribuer du sens aux propositions. Ensuite, leur conception des mathématiques a été gravement remise en question, dans ses fondements même, par le premier théorème d'incomplétude établi en 1931 par le logicien d'origine autrichienne Kurt Gödel. Nous reviendrons un peu plus loin sur ce célèbre théorème, qui joue un rôle clé dans la tentative de naturalisation du platonisme par Penrose ; à ce stade, retenons que le premier théorème d'incomplétude nous apprend que dans un système formel tel que les mathématiques, il existe nécessairement des propositions vraies mais non démontrables au sein des mathématiques. Ce théorème sépare donc irrémédiablement les concepts de prouvabilité et de vérité.

Les approches « standard » se fondent quant à elles sur l'idée centrale du réalisme mathématique, selon laquelle les entités mathématiques sont considérées au titre d'objets abstraits, hors du monde sensible, et dont les propriétés sont indépendantes des sujets qui les étudient. Leur avantage majeur est de proposer une théorie logico-grammaticale unifiant en un même langage les disciplines mathématiques et les disciplines empiriques. Les vérités mathématiques ne s'y présentent pas comme singulières, mais définies selon les mêmes conditions que les vérités générales. Les relations logiques elles aussi bénéficient de cette perspective unifiée, et l'inférence mathématique ne réclame pas une explication spécifique ; les mécanismes et l'explication de l'inférence sont ainsi communes à l'ensemble du langage, ce qui n'est pas le cas des approches syntaxiques, qui nécessitent une caractérisation de l'inférence mathématique. Les approches « standard » s'inscrivent donc dans une théorie générale de la vérité. Cependant, elles faillissent à répondre au critère de connaissance tel que l'impose Benacerraf. Plusieurs définitions de la connaissance existent, et Benacerraf adopte un point de vue qu'il qualifie lui-même de « doublement causal » (Gandon et Smadja 2013, p. 92). Une connaissance est ainsi une croyance justifiée qu'une certaine proposition est vraie, qui doit rester cohérente avec les relations causales existant entre le sujet connaissant et les objets référencés par la connaissance considérée. Benacerraf impose que cette relation entre ce sur quoi porte la vérité d'une proposition et les motifs de la croyance en cette proposition, doit exister dans tous les cas de figure ; elle est éventuellement multiple, mais toujours nécessaire.

Or c'est à la lumière de la nécessité de cette relation qu'apparaît l'insuffisance de l'approche standard platoniste : si les entités mathématiques référencées par les vérités mathématiques sont des objets de connaissance standards, comment peut-il y avoir une relation causale entre ces entités – hors du monde physique – et le sujet connaissant ? Un tel lien n'est pas expliqué dans l'approche standard. Dès lors, il devient difficile d'évaluer, par exemple, le bien-fondé de la croyance de personnes en certaines propriétés portant sur les entiers naturels, en l'absence de rapport causal identifié entre ces nombres et les personnes concernées. L'absence apparente de lien causal entre le monde physique et le monde des objets et vérités mathématiques constitue une problématique bien connue en philosophie des mathématiques : le « problème de l'accès ».

Finalement, aucune des approches considérées ne concilie de manière satisfaisante à la fois les vérités mathématiques et la connaissance que nous pouvons avoir de ces vérités. Benacerraf ne se propose pas dans son article d'apporter une solution à ce qu'il convient, en effet, d'appeler un dilemme ; il expose deux exigences auxquelles, toujours selon lui, la ou les théories unificatrices attendues se doivent de répondre.

La première demande est la suivante : pour une proposition mathématique, le fait d'être un théorème démontré au sein d'un système formel ne doit pas être le seul critère de vérité de cette proposition. On doit aussi fournir l'explication d'un lien entre le fait d'être un théorème dans ce système et le fait d'être vrai.

Vient ensuite la seconde demande nécessaire : la définition d'une connaissance mathématique doit s'accorder avec la définition générale d'une connaissance, et permettre dans ses termes que les vérités mathématiques – ou au moins une partie d'entre elles – soient connaissables. Il arrive en effet que les conditions de vérités soient définies d'une façon telle qu'elles excluent la possibilité de connaissance de ces vérités. L'approche standard platonicienne présente par exemple les vérités mathématiques comme portant sur des objets idéaux hors de portée sensible ou cognitive. Au contraire les approches combinatoires, syntaxiques, se concentrent sur cette question et proposent un chemin procédural pour atteindre la vérité, à travers la notion de preuve formelle. Leur faiblesse étant, selon Benacerraf, que plus on s'enfonce dans la justification formelle, plus le lien sémantique entre preuve et vérité semble se distendre.

Aujourd'hui encore, aucune théorie, ni aucun des courants usuels de la philosophie des mathématiques ne semble satisfaire simultanément aux deux demandes de Benacerraf. Et par ailleurs les débats toujours vifs concernant l'argument d'indispensabilité rendent difficiles l'acceptation de celui-ci en tant que justification indiscutable du réalisme des objets mathématiques.

On voit donc que toute proposition de naturalisation du platonisme mathématique devra relever le défi d'apporter des réponses satisfaisantes à ces grandes questions que nous venons d'évoquer ; en particulier contribuer à établir d'une part un modèle épistémique conciliant les vérités mathématiques et la connaissance que nous pouvons en avoir, et d'autre part expliquer certains traits caractéristiques des mathématiques, comme leur efficacité à décrire le réel.

Concilier naturalisme et platonisme mathématique ?

« Le plus difficile est de rester réaliste quand on a un idéal, et de garder son idéal quand on voit les réalités. »

CHARLES DE GAULLE[9]

Pourquoi vouloir naturaliser le platonisme ?

Avant d'étudier en détail la possibilité de naturalisation du réalisme mathématique, il n'est certainement pas inutile d'examiner au préalable la question suivante : est-il seulement légitime de vouloir naturaliser le platonisme mathématique ? Y aurait-il quelque raison qui s'opposerait par principe à cette naturalisation, stoppant net la démarche avant même le premier pas ?

Présentons quelques arguments qui semblent bien nous inviter à emprunter le chemin naturaliste.

Le premier d'entre eux nous apparaît d'une certaine façon comme le plus évident et le plus spontané, c'est celui du développement exponentiel des sciences et des succès obtenus par celles-ci ces deux cents dernières années. Comme le rappelle Andler (Andler 2016, p. 80), ces succès se mesurent à l'aune de trois critères, selon lesquelles la démarche scientifique est non seulement performante en elle-même, mais également plus

[9] (Peyrefitte 1994, p. 511).

efficace que toute autre méthode considérée. En premier lieu il s'avère que les sciences présentent un caractère particulièrement marqué de *rationalité*, alliant une cohérence interne exceptionnelle à une forte capacité unificatrice. Ensuite, elles augmentent continuellement leur *couverture* du monde physique, en proposant des explications à toujours plus de phénomènes naturels. Enfin, elles démontrent une *adéquation* au réel supérieure aux autres approches.

C'est grâce à cette réussite scientifique que le naturalisme se présente aujourd'hui comme une approche philosophique incontournable, en particulier dans le domaine de la philosophie de l'esprit : les sciences cognitives ont en effet constitué ces dernières décennies un corpus de connaissances à la fois fourni et fécond, et – si l'on peut toujours développer des objections – il devient difficile d'ignorer ces données scientifiques dans un débat philosophique. Dans ce contexte, la question de la naturalisation de l'esprit s'impose d'elle-même, et la position naturaliste est très répandue parmi les chercheurs travaillant sur la question du problème corps/esprit. Nous verrons ainsi un peu plus loin que c'est celle adoptée par Penrose, moyennant de potentielles attentes d'évolution des théories physiques. Citons comme autre exemple le neuroscientifique américain Christof Koch, dont les travaux portent principalement sur le phénomène de la conscience (Koch 2020) :

> *« Il ne fait guère de doute que notre intelligence et nos expériences résultent des capacités naturelles de notre cerveau, fondées sur des enchaînements de causes et d'effets. Cette prémisse a extrêmement bien servi la science au cours des derniers siècles. Le cerveau […] obéit aux mêmes lois physiques que les pierres, les arbres et les étoiles. Rien n'échappe à ces lois. »*

La corrélation entre les évènements psychiques et les phénomènes physiques qui se produisent dans le cerveau supportent toute une gamme de nuances. La position la plus radicale, celle de l'identité psychophysique entre états mentaux et activité des réseaux de neurones, est adoptée par d'éminents chercheurs en neurosciences tel que Stanislas Dehaene et Jean-Pierre Changeux ; ce dernier prend ainsi soin de justifier sa position comme une hypothèse scientifique (Changeux 1983, p. 334) :

> *« L'identification d'évènements mentaux à des évènements physiques ne se présente en aucun cas comme une prise de position idéologique, mais simplement comme l'hypothèse de travail la plus raisonnable et surtout la plus fructueuse. »*

Le philosophe Francis Wolff souligne que cette approche, qu'il qualifie de « monisme physicaliste », peut engendrer plusieurs variantes et qu'une « forme prudente (la matière, autrement dit le cerveau, est la *condition* des opérations mentales) peut être acceptée par la plupart des philosophes de l'esprit, et même par certains dualistes » (Changeux 2016, p. 47). Par des arguments comparables à ceux exposés par Andler, Wolff explique qu'au-delà du débat sur la force du lien entre évènements mentaux et physiques, la légitimité du physicalisme a été forgée et étayée par le grand nombre de succès obtenus depuis le 17e siècle par la science dans la réduction de phénomènes biologiques à des causes physiques ou chimiques.

Naturaliser l'esprit et la conscience semble donc une entreprise acceptée par une majorité de neuroscientifiques – les philosophes semblent quant à eux plus réservés – mais peut-on inscrire le platonisme mathématique dans cette démarche ?

La nature des entités mathématiques et la question de leur modalité d'existence dans un monde abstrait peut sembler au premier abord éloigné des questions posées par la naturalisation de la conscience. Nous questionnerons ce point plus en détail, mais remarquons simplement que le platonisme comporte indéniablement un volet portant sur le ressenti et la perception abstraite des entités mathématiques, évoqués dans notre présentation du platonisme mathématique. Or nombre d'auteurs s'entendent sur l'existence de ce « fait psychologique de l'existence d'une intuition [mathématique] » (Cassou-Noguès 2012, p. 95). Ainsi pour Gödel, s'agit-il là du premier des arguments présentés en faveur du réalisme des objets mathématiques :

> *« Nous avons quelque chose comme une perception des objets de la théorie des ensembles. Je ne vois pas de raison pour avoir moins de confiance dans cette espèce de perception, c'est-à-dire dans l'intuition mathématique, que dans la perception sensible*[10]. »

Penrose fait lui aussi remarquer que « tout point de vue scientifique, quel qu'il soit, doit de toute façon expliquer ce qui sous-tend la conscience » (Penrose 1995, p. 39). Dehaene prend pareillement acte de cette introspection en se demandant si l'on ne devrait pas la « considérer comme un phénomène psychologique à expliquer » (Dehaene 2014, p. 267). Cette modalité de connaissance des mathématiques s'inscrit pleinement dans le principe naturaliste (N3) introduit par Quine.

Par ailleurs, le versant purement mathématique du platonisme appelle également à questionner les processus cognitifs mis en œuvre dans le cerveau pour traiter les mathématiques ; certaines capacités mathématiques élémentaires ont été étudiées – nous évoquerons plus loin la quantification – et cette partie du platonisme se prête idéalement à une tentative de naturalisation, par les sciences cognitives en particulier. Comme nous le verrons, les données recueillies ces dernières années par les chercheurs en

---

[10] (Gödel 2001), cité *in* (Cassou-Noguès 2012, p. 95).

neurosciences cognitives invitent à la réflexion[11] et peuvent laisser espérer clarifier les rapports entre les différentes positions en philosophie des mathématiques, en particulier les dissensions entre courants réalistes et formalistes.

Inscrire la naturalisation de notre compréhension des mathématiques dans une théorie de l'esprit, c'est précisément la démarche adoptée par le physicien et mathématicien Roger Penrose : à la fin des années quatre-vingt et tout au long les années quatre-vingt-dix, celui-ci publie une série de trois ouvrages (Penrose et Gardner 1992; Penrose 1995; Penrose et al. 1999) dans lesquels il développe une proposition de théorie de l'esprit. Cette proposition – une tentative de naturalisation de la conscience – s'appuie essentiellement sur trois sciences : l'informatique, les mathématiques et la physique.

Le platonisme naturalisé de Roger Penrose

Penrose, un « savant universel » ?

Dans ses ouvrages, Penrose entend tresser des liens nouveaux entre « la structure des lois physiques, la nature des mathématiques et la pensée consciente » (Penrose et Gardner 1992, p. 4) ; il mobilise, pour étayer sa proposition de naturalisation de la compréhension mathématique et plus largement de l'esprit, des résultats avancés en intelligence artificielle, en mécanique quantique, en relativité générale et en biologie. On ne peut être que saisi par la diversité des champs disciplinaires abordés et, comme nous le verrons, par le niveau d'expertise des connaissances mobilisées.

---

[11] Les recherches de Marie Amalric (Amalric 2017) ont par exemple montré que lors de la manipulation de concepts mathématiques de haut niveau, les aires du langage ne sont pas mises en jeu ; au contraire les aires liées aux nombres et à la gestion de l'espace sont systématiquement activées.

Comment Penrose, mathématicien et physicien, a-t-il été amené à proposer une telle théorie de l'esprit ? Son parcours académique, tout d'abord, peut expliquer l'éclectisme de son savoir (O'Connor et Robertson 2009). Penrose est né en 1931, au terme de deux décennies qui ont vu deux grandes théories littéralement révolutionner la physique : la relativité générale d'une part, introduite par une série d'articles fondateurs d'Einstein (Einstein 1915), propose une vision profondément novatrice de la force gravitationnelle et permet l'émergence d'une nouvelle science, la cosmologie – étude des propriétés de l'entièreté du cosmos en tant que système physique ; la physique quantique d'autre part, en gestation depuis l'hypothèse du quanta d'énergie proposée par Max Planck en 1900, a atteint une maturité théorique avec l'équation de Schrödinger en 1925 puis sa généralisation relativiste avec l'équation de Dirac en 1927.

Penrose s'inscrit pleinement dans l'histoire de ces deux théories. Car s'il poursuit majoritairement ses études dans le domaine des mathématiques, il a l'occasion de suivre – lors de sa première année à Cambridge, suivant l'obtention de son *B.Sc. degree* en mathématiques pures au milieu des années cinquante – trois cours d'autres disciplines qui vont fortement l'influencer. Les deux premiers portent sur la physique. Penrose suivra ainsi un cours sur la relativité générale, qu'il trouvera « fascinant », dispensé par le cosmologiste Hermann Bondi. L'intérêt suscité est tel qu'en parallèle de sa carrière d'enseignant chercheur en mathématiques, il participe dans les années soixante au grand renouveau de la recherche en relativité générale (Eisenstaedt 2004) et publie dès 1959 de nombreux résultats novateurs en cosmologie, notamment sur l'apparition d'une singularité lors de l'effondrement en trou noir d'une étoile en fin de vie. Penrose développe alors un nouveau formalisme mathématique qui facilite l'étude des équations de champ d'Einstein, en collaboration avec son collègue et ami Stephen Hawking. Ce formalisme est également une tentative pour unifier la relativité générale et la physique quantique : ces deux théories opèrent en effet dans des domaines de validité distincts – aux échelles astronomiques pour la première et à l'échelle microscopique pour la seconde – mais les singularités gravitationnelles constituent des cas dans lesquels les effets de deux théories devraient interagir. C'est ce qui amène Penrose à travailler sur l'unification de ces dernières. L'attrait du mathématicien pour la physique quantique est à porter au crédit du deuxième cours complémentaire suivi à Cambridge : l'enseignement de mécanique quantique dispensé par Paul Dirac, physicien et mathématicien britannique « nobelisé » avec Erwin Schrödinger en 1933 et qui fut l'un des pionniers de cette discipline.

Le troisième et dernier cours porte sur la logique mathématique, et c'est à ce moment que Penrose va découvrir les machines de Turing et le théorème de Gödel, « ingrédients » déterminants dans sa thèse du caractère non calculable de la compréhension mathématique. Or Penrose expose sa théorie dans son premier ouvrage qui paraît en 1989, à l'issue d'une décennie qui, comme nous l'avons vu, est marquée par de vifs débats sur les réelles potentialités de l'IA et une crise de confiance envers celle-ci. On peut donc dire que la proposition de théorie de l'esprit de Penrose s'inscrit naturellement dans ce contexte de contestation, et si ses travaux en mathématiques et en physique ne touchent pas directement à ces domaines de la logique et de l'IA, on peut imaginer qu'il en suit les développements et forment ses connaissances et ses idées concernant la conscience et la compréhension mathématique à cette époque. On peut également conjecturer que Penrose a pu s'intéresser à la notion de calculabilité à travers ses recherches sur le pavage du plan. Il propose en effet en 1974 un exemple de pavage simple mais non-périodique du plan, alors que l'on pensait jusque-là qu'une telle construction n'était pas possible (Penrose 1974). Or pour illustrer son explication de la calculabilité dans (Penrose 1995, pp. 25-29) et (Penrose et al.

1999, pp. 135-140), Penrose présente un modèle-jouet (« toy model ») d'univers dont l'évolution discrète repose sur la possibilité de paver le plan à partir d'ensemble de « polyominos », des figures formées de carrés. Il s'agit d'un exemple d'évolution non calculable, car « aucun procédé de calcul ne peut permettre de décider si un ensemble de polyominos peut paver le plan ».

Dernier point enfin, nous verrons que la proposition de Penrose implique une connaissance certaine à la fois de l'anatomie et de la physiologie du cerveau humain. L'intérêt du mathématicien pour la biologie s'explique sans doute en partie par son environnement familial : sa mère médecin et son père généticien espéraient le voir suivre leurs traces et embrasser une carrière dans le domaine médical. Mais une impossibilité institutionnelle l'empêche, dans les années cinquante, de suivre un cursus mêlant la biologie aux mathématiques et à la physique. S'il se voit obligé de renoncer à la biologie, on peut imaginer qu'il a conservé par la suite un goût et une curiosité personnelle pour cette discipline, qui expliquent ses connaissances.

On présente parfois le français Henri Poincaré comme le dernier grand « savant universel », menant des recherches de pointe dans plusieurs disciplines – mathématiques, physique et philosophie dans le cas de Poincaré (Gérini et Ginoux 2012). Pourtant, au vu de son parcours et de ses écrits, il ne semble pas irraisonnable de voir Penrose comme un héritier de cette tradition des savants universels : il a mené avec succès des recherches au plus haut niveau de la physique – récompensées par le prix Nobel de physique en 2020 – et des mathématiques contemporaines, tout en acquérant des savoirs avancés en informatique et en biologie. C'est sans nul doute grâce à cette approche multidisciplinaire que Penrose est parvenu à jeter des ponts pour relier les connaissances de l'époque en sciences cognitives, en physique, en biologie et en philosophie, connaissances issues d'un 20e siècle exceptionnellement prodigue dans ces domaines. Examinons maintenant en détail sa proposition de théorie de l'esprit.

Réalisme mathématique et problème de l'esprit

Penrose étant physicien et mathématicien, il est intéressant de commencer par évoquer sa vision du rapport au réel des entités mathématiques – et des différents ensembles de nombres en particulier. Penrose rappelle ainsi l'utilisation commune des nombres réels dans la description de la réalité dans les sciences physiques. Mais s'il est admis que cet outil mathématique se révèle d'une grande commodité et adapté à la plupart des situations dans lesquelles il est nécessaire d'exprimer la mesure de grandeurs physiques, Penrose souligne néanmoins que la structure fine et profonde des nombres réels pourrait ne pas coïncider avec les propriétés intimes du réel. Il lui semble par exemple douteux que la continuité de l'ensemble des réels puisse s'appliquer au monde physique (Penrose et Gardner 1992, p. 92). L'utilité des mathématiques pour décrire le réel, et leur remarquable efficacité dans cette tâche sont donc indéniables ; mais quel statut donner aux entités mathématiques ? Penrose présente sa version du platonisme mathématique en l'appuyant sur les arguments classiques (Penrose et Gardner 1992, pp. 101-104) que nous avons rencontrés un peu plus haut dans la présentation du réalisme mathématique. Il constate ainsi que si les objets mathématiques décrivent bien le réel, à première vue « il semble qu'il n'y ait en eux rien de réel du tout ». Ce sont des concepts, des idéalisations du réel mais cependant qui ne sont pas, selon Penrose, des constructions de l'esprit humain. Il justifie ce point en invoquant les exemples de l'ensemble de Mandelbrot et des nombres complexes, et en proposant deux arguments principaux.

Tout d'abord il apparaît que « ces objets font beaucoup plus de choses que ce pour quoi ils ont été conçus à l'origine ». Au moment de l'introduction, au 16e siècle, de la racine carrée d'un nombre négatif – qui aboutira beaucoup plus tard au nombre imaginaire i – par Gerolamo Cardano puis par Raffaele Bombelli, rien ne pouvait laisser présager de l'extraordinaire fécondité du concept ; celui-ci conduira notamment à une très large extension de l'analyse trois siècles plus tard. De même, la formidable richesse des structures fractales n'est apparue que progressivement à Benoit Mandelbrot puis aux mathématiciens qui l'ont suivi.

Penrose constate ensuite que les propriétés des objets mathématiques sont totalement indépendantes du mathématicien qui les étudie. Ainsi « quel que soit le mathématicien ou le mordu d'informatique qui se met à examiner cet ensemble [de Mandelbrot], il trouvera des approximations pour la même structure mathématique fondamentale ». Dans ce cadre, l'ordinateur est vu par Penrose comme un instrument d'exploration du monde mathématique, au même titre qu'un microscope est un instrument d'exploration du monde réel. Ce qui amène le physicien à la conclusion suivante (Penrose et Gardner 1992, p. 103) :

> *« L'ensemble de Mandelbrot n'est pas une invention de l'esprit humain : c'est une découverte. Tout comme le mont Everest, l'ensemble de Mandelbrot est tout simplement* là. *»*

Il est donc clair pour lui que les mathématiques ne sont pas des constructions mentales élaborées par les mathématiciens, mais des vérités préexistantes et indépendantes que l'on découvre.

Penrose concède néanmoins que toutes les entités mathématiques ne répondent pas à cette ontologie, et que certaines structures résultent bien – dans la lignée d'un conventionnalisme à la Poincaré – d'une construction menée par les choix arbitraires de mathématiciens. Mais dans ce cas,

« on obtiendra de la construction rien de plus que ce qu'on y avait mis au départ » (Penrose et Gardner 1992, p. 104).

Remarquons dans la large citation plus haut l'utilisation des expressions « là » et « déjà là », qui impliquent à la fois les notions d'espace (« là ») et de temps (« déjà »). Penrose exprime ici l'intuition commune évoquée dans notre présentation du réalisme mathématique : l'impression que « les mathématiques [...] existent là, quelque part, à portée » (Penrose et al. 1999, p. 114) et le sentiment « que nous pouvons [...] croire en une sorte d'existence éthérée et éternelle [...] des concepts mathématiques » (Penrose et Gardner 1992, p. 104).

On voit donc que le physicien adopte une version très classique du platonisme mathématique, qu'il schématise par la figure suivante (d'après (Penrose et al. 1999, p. 114)) :

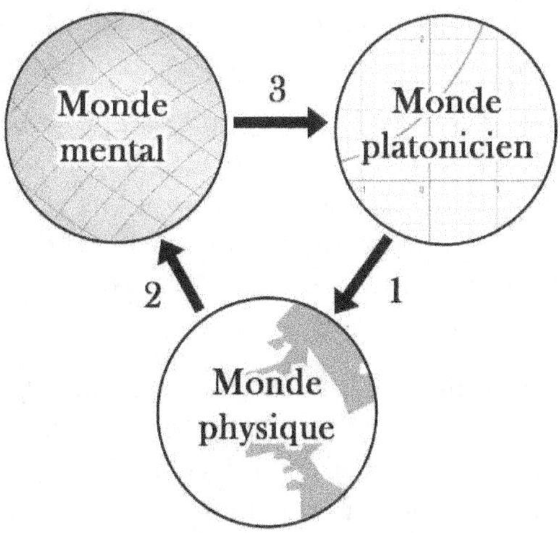

Figure 2 – Les trois mondes selon Roger Penrose.

Les relations entre ces différents mondes sont autant de mystères, que Penrose décrit comme suit.

Le mystère n°1 est la relation entre les mathématiques et la physique. Rappelant, selon l'expression consacrée d'Eugene Wigner, la « déraisonnable efficacité » des mathématiques en physique (Wigner 1960), Penrose se montre admiratif devant cette capacité des mathématiques à décrire le réel avec une précision telle que le monde physique semble effectivement régi par des lois mathématiques.

Le mystère n°2 est celui du statut des produits de l'activité mentale – pensée, conscience, raisonnement, perceptions, émotions, etc. – vis-à-vis du monde réel. C'est précisément à ce niveau que se déploient les efforts de naturalisation de Penrose, dont la position est clairement qu'il « n'existe pas d'objets mentaux flottant alentour qui ne soient fondés sur de la physique » (Penrose et al. 1999, p. 115).

Le mystère n°3 se rapporte au problème de l'accès du platonisme, que nous avons exposé un peu plus haut : par quel moyen la raison accède-t-elle aux vérités mathématiques ?

Pour tenter d'éclaircir et de comprendre les relations entre ces différents mondes – et en particulier les relations 2 et 3 – Penrose propose une typologie des positions philosophiques concernant le rapport entre l'esprit et la matière physique (Penrose 1995, p. 8; Penrose et al. 1999, p. 118), dont nous reprenons ici la nomenclature :

$\mathcal{A}$. Toute connaissance immédiate est un algorithme et réciproquement un algorithme – quel que soit le « hardware » ou dispositif sur lequel il s'exécute – constitue une connaissance immédiate. C'est la thèse dite de l'IA forte.

$\mathcal{B}$. La connaissance immédiate est le résultat de l'activité physique du cerveau. Cette activité peut être modélisée par un algorithme, mais une exécution de cet algorithme sur un dispositif autre que le cerveau n'engendre pas la connaissance immédiate. Il s'agit de la thèse dite de l'IA faible.

C. La connaissance immédiate est le résultat de l'activité physique du cerveau, mais cette activité ne peut être modélisée ou représentée uniquement par un algorithme.

D. La connaissance immédiate ne peut pas être expliquée en termes de phénomènes physiques, d'algorithmes informatiques ou plus largement dans n'importe quel langage scientifique.

Nous avons repris l'expression « connaissance immédiate » utilisée par l'auteur. Qu'entend-il par ces mots ? S'il explique lui-même que ces termes sont empreints d'un certain flou, il présente deux arguments pour justifier leur usage.

Il suggère tout d'abord que l'existence de cette qualité mentale qu'est la connaissance immédiate apparaît comme une sorte de prérequis à la compréhension et à l'intelligence (Penrose 1995, p. 33) et présente ainsi les relations de nécessité entre les trois concepts :

- L'intelligence exige la compréhension ;
- La compréhension exige la connaissance immédiate.

La connaissance immédiate est définie par Penrose comme « l'aspect passif » de la conscience. Le problème de définition se trouve alors déplacé vers le concept de conscience, mais Penrose présente un second argument pour justifier l'usage de tels concepts en acceptant de ne pas en saisir les contours exacts : selon lui, le risque d'une tentative précoce de définition de la conscience risquerait « de rendre insaisissable le concept même que nous voulons cerner » (*ibid.*, p. 35). Il propose alors d'en rester à une appréhension intuitive. Nous reviendrons un peu plus loin sur cette approche, qui peut s'identifier à une forme de démarche par analyse-synthèse.

Quelle position Penrose adopte-t-il face aux quatre différentes options *A*, *B*, *C* et *D* ? Il exprime tout d'abord sa croyance en la possibilité d'apporter au problème de l'esprit une explication de nature scientifique (*ibid.*, p. 9). Cette confiance en la science conduit d'emblée le physicien à repousser la position 𝒟, confiance renforcée un peu plus loin par « cette observation que c'est seulement grâce à la science que l'on a pu accomplir des progrès réels dans la compréhension du monde » (*ibid.*, p. 45). Il exprime par là même une sensibilité naturaliste, tout en questionnant les limites actuelles des connaissances scientifiques vis-à-vis de cette question de l'esprit. Penrose estime ainsi que la résolution de ce problème de l'esprit demandera sans doute une ouverture du champ actuel couvert par les sciences, mais il ne voit en revanche aucune raison de renoncer aux méthodes scientifiques qui ont fait leurs preuves.

Remarquons que le rejet de l'option 𝒟 relève plus chez l'auteur de la démarche méthodologique que d'une conviction ou d'un dogmatisme d'opposition entre science et religion. Il l'affirme très clairement en invitant les tenants d'une explication mystique ou religieuse de l'esprit à le suivre dans son démarche de réflexion (*ibid.*, p. 135).

Très vite, Penrose affiche naturellement sa préférence pour l'option 𝒞[12]. Dans la perspective de cette option, Penrose entend établir que la pensée consciente, au moins en partie, ne saurait résulter d'un processus exprimable sous forme de calculs. Il se propose de construire son raisonnement en deux étapes : considérer une activité mentale particulière dont il sera démontré qu'elle n'est pas réductible à un algorithme, puis tenter de déterminer les phénomènes physiques dont cette activité mentale serait le résultat.

---

[12] Dans son ouvrage (Penrose et al. 1999, p. 119) Penrose divise cette option 𝒞 en deux branches ; il distingue la position « 𝒞 faible » postulant que l'on peut trouver dans la physique actuelle des phénomènes non simulables par le calcul, de la position « 𝒞 fort » selon laquelle il nous faudra attendre une physique future pour trouver ce type de phénomènes « non computationnels ».

La compréhension mathématique n'est pas algorithmique

Son choix d'activité mentale se porte sur le processus mental de compréhension mathématique ; et son hypothèse est qu'aucune IA exécutée sur un ordinateur – dont les actions sont fondamentalement algorithmiques – ne sera jamais en mesure d'acquérir une telle compréhension. Ce qui indiquerait que la compréhension n'est pas exprimable seulement en des termes calculatoires, et contredirait la position computationnelle soutenue par les options $\mathcal{A}$ et $\mathcal{B}$, qui affirme que le cerveau ne fait qu'effectuer des calculs.

Pourquoi choisir en particulier la compréhension mathématique ? Si cette compréhension mathématique ne représente en réalité qu'une partie de l'activité mentale humaine, la démonstration que ce processus n'est pas réductible à l'algorithmique se présente néanmoins, selon Penrose, comme une condition suffisante pour affirmer « que notre esprit peut accomplir *quelque chose* qui ne relève pas du calcul » (Penrose 1995, p. 46). Il estime en complément que le problème de la calculabilité est un problème par essence mathématique, et donc qu'il constitue l'angle d'attaque idéal pour assurer une rigueur suffisamment convaincante à la démonstration. Par suite, il apparaitrait ainsi raisonnable de penser que ce caractère non algorithmique de la compréhension mathématique soit présent dans d'autres activités mentales.

Le théorème de Gödel joue un rôle essentiel dans l'argumentation développée par Penrose[13]. Il propose dans (Penrose et Gardner 1992, pp. 112-115) une illustration

---

[13] Pour être précis, il s'agit du *premier* théorème d'incomplétude de Gödel, le logicien ayant établi un second théorème d'incomplétude. A l'instar de Penrose et afin d'alléger les formulations, nous adopterons pour la suite l'appellation simplifiée « théorème de Gödel ».

vulgarisée du théorème, dans laquelle il construit une proposition $P_k(k)$ (k étant un nombre entier naturel) vraie mais indémontrable, et dont voici le principe en quelques lignes[14].

Dans le système formel des mathématiques, supposons tout d'abord avoir indexé toutes les fonctions propositionnelles à une variable à l'aide des entiers naturels. La $n^{\text{ième}}$ fonction de variable w serait ainsi $P_n(w)$. Les démonstrations de théorèmes se présentent comme des suites de propositions qui peuvent elles-aussi être indexées à l'aide des entiers naturels. Nommons Π_n la $n^{\text{ième}}$ démonstration. Penrose nous invite à considérer la fonction suivante :

$$\neg\exists x[\Pi_x \text{ démontre} P_w(w)]$$

Cette fonction de variable w affirme qu'il n'existe pas de démonstration pour $P_w(w)$.

Or toutes les fonctions ayant été numérotées, il existe un entier particulier k désignant le numéro de cette fonction :

$$P_k(w) = \neg\exists x[\Pi_x \text{ démontre} P_w(w)]$$

w étant une variable, que se passe-t-il lorsqu'elle prend la valeur k ? On obtient les propositions particulières suivantes :

$$P_k(k) = \neg\exists x[\Pi_x \text{ démontre} P_k(k)]$$
$$\text{et} \quad \neg P_k(k) = \exists x[\Pi_x \text{ démontre} P_k(k)]$$

La proposition $P_k(k)$ ne peut être fausse (c'est-à-dire $\neg P_k(k)$ vraie), sinon il existerait une démonstration que $P_k(k)$ est vraie, on obtiendrait alors une contradiction et le système serait inconsistant. $P_k(k)$ est donc vraie, et affirme à propos d'elle-même qu'elle ne possède aucune démonstration. La proposition n'est pas prouvable dans ce système, mais elle est

---

[14] Pour sa concision, cette version vulgarisée est d'ailleurs reprise dans (Bourgeois 2006, p. 345).

néanmoins vraie. Nous retrouvons ici la conséquence novatrice la plus remarquable du premier théorème d'incomplétude : celle de distinguer vérité et prouvabilité.

Penrose voit d'emblée dans le théorème de Gödel un « coup fatal » porté au formalisme, dont Penrose rappelle qu'il est un courant philosophique antiréaliste considérant que les énoncés mathématiques ne portent pas sur des objets mais sont uniquement des assemblages de symboles au sein d'un système formel. Dans les approches formalistes, la vérité d'un énoncé est conditionnée par l'existence d'une chaîne d'inférences successives – une démonstration – reliant les axiomes à l'énoncé. Or pour Penrose il apparaît de manière évidente que cette définition de la vérité est insuffisante, puisqu'on peut exposer des propositions dont nous pouvons « voir » qu'elles sont vraies, mais qui ne peuvent recevoir de valeur de vérité selon la procédure formaliste de la démonstration (*ibid.*, pp. 115-116). En vertu du théorème de Gödel, la « vérité formaliste » serait donc inéluctablement incomplète. Mais l'exemple exhibé $P_k(k)$ montre que notre cerveau présente une capacité à appréhender la vérité d'une proposition mathématique, et que cette capacité ne repose pas sur un mécanisme formaliste.

Notons au passage que si Penrose se présente clairement comme adepte du platonisme, en opposition au formalisme, il concède que le platonisme mathématique peut se décliner en de multiples nuances. Il assume négliger ces variations (Penrose et Gardner 1992, p. 120).

S'il n'est formaliste, notre « sens » de la compréhension mathématique peut-il être de nature algorithmique ? Penrose rapporte de nouveau cette question au point de vue formaliste ; il rappelle que David Hilbert, dans le cadre de son grand programme de formalisation mathématique développé dans le premier tiers du 20e siècle, expose son *Entscheidungsproblem* (problème de la décision) : « y-a-t-il une procédure mécanique permettant de répondre à tous les problèmes mathématiques et qui relèverait d'une classe assez large, mais bien définie ? » (Penrose et Gardner 1992, p. 63). Turing a transposé cette question au domaine algorithmique : peut-on trouver un algorithme universel qui permette de déterminer si un calcul donné va s'arrêter ? Cette problématique est nommée « problème de l'arrêt ». Nous avons vu que Turing a inventé le concept de « machine de Turing », une machine « virtuelle » qui lit et écrit sur un support en suivant un ensemble fini de règles et d'états (Turing 1936). Cette conceptualisation de l'exécution d'algorithmes, couplée à l'architecture matérielle proposée par le mathématicien John Von Neumann, a permis la réalisation des premiers ordinateurs et l'essor de l'informatique. Retenons pour notre propos qu'à tout calcul qu'on se donne à effectuer, on peut associer un algorithme et une machine de Turing particulière qui peut mettre en œuvre cet algorithme.

Penrose reprend alors le raisonnement de Turing et pose la question suivante : notre perception de la vérité d'une assertion arithmétique est-elle le résultat de l'exécution d'un algorithme général dans notre cerveau (Penrose et al. 1999, p. 126) ? En effet, la question de la vérité d'un théorème arithmétique peut toujours se ramener à celle de l'arrêt d'un calcul. Considérons l'exemple, cité par Penrose, de la conjecture de Goldbach : tout nombre pair supérieur à 2 est la somme de deux nombres premiers. On peut imaginer mettre en œuvre un algorithme naïf qui pour chaque nombre pair n vérifie toutes les combinaisons possibles de somme de deux nombres premiers inférieurs à n. La conjecture de Goldbach est juste si, et seulement si, l'algorithme ne s'arrête jamais. La vérité de la conjecture est bien équivalente à la question de l'arrêt de l'algorithme.

Or Turing et le mathématicien Alonzo Church ont obtenu un résultat déterminant sur cette question : ils ont montré qu'il ne peut exister aucun algorithme général susceptible de décider toutes les questions mathématiques. Par conséquent l'*Entscheidungsproblem* de Hilbert ne saurait recevoir de solution. Il est essentiel de préciser que rien n'interdit de trouver un algorithme capable de répondre à la question de l'arrêt pour un calcul *en particulier*. En revanche, « il n'existe pas d'algorithme qui marche pour *toutes* les questions mathématiques, ni pour *toutes* les machines de Turing » (Penrose et Gardner 1992, p. 69). Penrose se propose de tirer une conclusion radicale de cette démonstration, en affirmant que la pensée s'appuie nécessairement sur un composant non algorithmique (Penrose 1995, p. 69). Comme nous le verrons un peu plus loin, cette conclusion a reçu des nombreuses objections, auxquelles Penrose a répondu de manière détaillée.

Finalement, si l'on accepte le raisonnement développé et la conclusion proposée par Penrose et si l'on valide bien l'option $\mathcal{C}$, se pose alors la question suivante : quelle est la particularité des processus – de nature *non* algorithmique donc – exécutés par le cerveau ? L'idée de l'auteur est en effet que le cerveau comporterait des structures spécifiques permettant l'exploitation de processus physiques non calculables ; ces structures le différencieraient d'autres objets matériels comme les ordinateurs (Penrose 1995, p. 205).

Vers une physique de l'esprit

Selon Penrose, la réponse à cette dernière question pourrait résider dans un domaine très particulier de la physique. Il rappelle en effet que depuis un peu plus d'un siècle, les physiciens utilisent deux types bien séparés d'outils pour étudier le monde : la physique classique pour les « grandes échelles » – un niveau macroscopique que Penrose nomme **C** pour classique – et la physique quantique pour décrire les « petites échelles » – le niveau microscopique qu'il nomme **U** pour unitaire[15]. Or la transition entre ces deux appréhensions du monde n'est pas encore clairement comprise, comme le souligne Penrose (Penrose et al. 1999, p. 68) :

> *« Le point de vue assez courant chez les physiciens est de supposer que si nous comprenions correctement la physique quantique, alors nous pourrions en déduire la physique classique. […] Ce n'est pas cela qu'on fait en pratique ; on utilise le niveau classique* ou *le niveau quantique. »*

Le passage du niveau quantique au niveau classique fait émerger le « problème de la mesure ». En effet, tant qu'un système quantique ne subit aucune mesure, son état est représenté par une fonction d'onde ψ, complexe au sens mathématique. Cette fonction ψ est le plus souvent une superposition d'états quantiques, c'est-à-dire une combinaison linéaire de vecteurs d'état pondérés par des nombres complexes ; mais à ce niveau, la mécanique quantique est entièrement déterministe : les valeurs spatiales de la fonction d'onde ψ ainsi que l'évolution temporelle de ces valeurs sont entièrement déterminées par l'équation de Schrödinger, une équation différentielle complexe. Mais lorsque l'on effectue une mesure sur un système, on n'obtient aucunement une superposition de valeurs, mais bel et bien une seule et unique valeur. Avant la mesure, les états possibles du système sont exprimés mathématiquement par une combinaison linéaire de nombres complexes ; les coefficients de cette combinaison peuvent être considérés comme des coordonnées complexes dans un espace vectoriel abstrait, mais n'ont aucune signification physique immédiate. On interprète en revanche les

[15] L'unitarité est un postulat de la mécanique quantique qui garantit que la fonction d'onde possède une interprétation probabiliste. Du point de vue formaliste, l'opérateur hamiltonien, qui décrit l'énergie d'un système quantique, doit être unitaire et conserver le produit scalaire. (Penrose 1995, p. 270)

carrés des modules de ces nombres comme des probabilités d'obtenir les états associés. Au moment de la mesure, une seule de ces possibilités s'exprime physiquement, et mathématiquement il s'agit d'une projection sur l'un des vecteurs d'état : c'est le phénomène de réduction de la fonction d'onde, dénoté **R** par Penrose (Penrose et Gardner 1992, p. 324). C'est uniquement à ce moment que se manifeste le caractère indéterministe de la mécanique quantique.

Comme nous le verrons un peu plus loin, ce processus **R** fait encore fortement débat aujourd'hui, tant sur le plan physique que sur le plan philosophique. Au-delà des différentes interprétations possibles de la mécanique quantique – école de Copenhague, mondes multiples d'Everett, théorie de De Broglie-Bohm, etc. (Boyer-Kassem 2015) – Penrose se questionne sur le moment où intervient la réduction **R** dans un phénomène, si l'on veut bien prêter à cette réduction une réalité physique. Il remarque que « la procédure **R** est en effet si sournoise que, d'un point de vue observationnel, on ne peut localiser précisément le niveau auquel elle entre en jeu » (Penrose 1995, p. 296). Il note tout d'abord que si **R** peut se produire à différentes échelles d'un phénomène, la taille du système ne semble pas déterminante puisqu'on a pu observer des intrications quantiques maintenues sur de grandes distances ; il serait alors plus pertinent de penser que la réduction dépende des niveaux d'énergie mis en jeu dans un phénomène. Penrose fait de plus valoir que la réduction **R** n'est en rien une conséquence attendue ou évidente de l'évolution unitaire **U** de la fonction d'onde. Au contraire, il affirme que la possibilité d'interpréter le module au carré d'un état en tant que probabilité « résulte clairement d'une hypothèse *supplémentaire*, indépendante de l'approche » (Penrose 1995, p. 317). La réduction **R** serait donc un « processus physique à part entière » – sans résulter nécessairement d'une loi physique particulière – que les physiciens ne connaissent pas encore et dont l'utilisation usuelle pourrait se révéler être une approximation.

Penrose voit **R** comme un excellent candidat au processus physique qu'il recherche pour bâtir une théorie de l'esprit. Cependant il prend soin de rejeter avec fermeté l'une des explications possibles de l'effondrement de ψ , proposée initialement par le physicien Eugene Wigner en 1961 : la matière inerte serait régie par l'évolution **U**, et c'est l'intervention d'un être conscient qui provoquerait la réduction **R**. L'entité mathématique $|\psi\rangle$ (vecteur d'état) et la réduction **R** sont alors considérées comme une description de la réalité physique. Pour Penrose, si physique quantique et le problème de l'esprit sont liés, l'intervention de la conscience n'est pas une réponse à la question de l'effondrement de la fonction d'onde (*ibid.*, p. 319). Le physicien affirme d'ailleurs très clairement que, pour lui, ce « paradoxe **U**/**R** » – souvent illustré par l'expérience de pensée du chat de Schrödinger [16] – est un marqueur d'incomplétude de la théorie quantique (Penrose et al. 1999, p. 89), incomplétude « validée » par les différentes tentatives d'unifier la relativité générale et la mécanique quantique. En effet, si ces deux théories opèrent sur des domaines bien différents – aux grandes échelles pour la relativité générale et aux dimensions microscopiques pour la physique quantiques –, il est nécessaire de concilier leurs effets pour étudier des phénomènes particuliers et extrêmes, tels les trous noirs ou le Big Bang. Différentes propositions sont toujours en développement, souvent en ayant fait le choix de modifier la relativité pour tenter d'y faire émerger des effets quantiques. Cependant, Penrose rappelle que les deux théories produisent

[16] Le domaine d'application de la mécanique quantique peut laisser penser que la question des états superposés de la matière ne se pose que dans le monde microscopique. Schrödinger proposa en 1935 une expérience de pensée pour montrer que l'on pouvait envisager des états superposés à l'échelle macroscopique : un chat est enfermé dans une boîte hermétique contenant également un poison aléatoirement libérable par un dispositif quantique. Théoriquement, le chat est alors une superposition des états *chat vivant* et *chat mort*. Que se passe-t-il lorsqu'un observateur ouvre la boîte ? Voir par exemple (Basdevant et Dalibard 2011, p. 124).

des prédictions mesurables vérifiées avec de très grandes précisions : « La relativité générale est une théorie extrêmement précise – non moins précise que la théorie quantique » et « il est fort probable que la plupart des idées physiques qui sous-tendent la théorie d'Einstein, tout comme celles qui sous-tendent la théorie quantique, survivront à la fusion de ces deux grandes théories » (Penrose 1995, p. 324). Donc selon Penrose, des ajustements et des modifications seront nécessaires dans les deux théories.

Cette perspective d'une théorie unifiée le conduit à émettre une autre hypothèse scientifique : la réduction de la fonction d'onde pourrait être provoquée par la force gravitationnelle[17]. Au fil des années et de ses publications, Penrose a affiné cette hypothèse et proposé une expérience de pensée qui prolonge celle du chat de Schrödinger, dans laquelle un phénomène quantique – un miroir semi-transparent placé sur la trajectoire d'un photon – peut provoquer le déplacement d'une masse. Si le photon est réfléchi, la masse reste dans sa position initiale, tandis que s'il est transmis la masse est déplacée. La description quantique du dispositif consiste alors en une superposition des deux masses et, point essentiel, une superposition de deux géométries d'espace-temps différentes associées au champ gravitationnel créé par la masse. Penrose postule que si ces géométries sont « significativement » différentes – le physicien évoque un écart de l'ordre de la distance de Planck (10^{-33} cm) – la réduction se produirait spontanément. Cette réduction, que Penrose nomme **RO** (*Réduction Objective*), serait donc un processus physique *réel* et *objectif*, intervenant de manière rapide et irréversible lorsque les états superposés sont trop « différents ». La distance de Planck et la masse de Planck

[17] L'hypothèse d'un effondrement de la fonction d'onde dû à la force gravitationnelle a également été soutenue par le physicien hongrois Lajos Diósi. Une expérience menée en 2020 par une équipe italienne a obtenu des résultats en défaveur de ce modèle, dit de Diòsi-Penrose, sans l'infirmer totalement (Bailly 2020).

serviraient alors de « ligne de démarcation entre les niveaux classiques et quantiques » (Penrose 1995, p. 326).

Analyse de la proposition naturaliste de Penrose

Contexte historique et institutionnel

La possibilité d'une naturalisation du platonisme mathématique est bien entendu une question essentiellement d'ordre philosophique ; on peut cependant déceler à l'intérieur de celle-ci un aspect institutionnel : si une telle naturalisation était effectivement possible, des dispositions particulières concernant les organisations et leurs acteurs seraient-elles nécessaires pour permettre son éclosion, sa diffusion et *in fine* son adoption ?

Avant d'analyser le cœur philosophique et scientifique de la proposition de Penrose, il n'est donc pas inintéressant de faire quelques observations sur le contexte dans lequel elle a été émise et reçue. Il est en particulier notoire qu'elle a suscité des objections, parfois virulentes. Lister en détails et discuter ces objections nous éloignerait de la démarche centrale de ces pages, mais il convient de remarquer que celles-ci peuvent globalement être classées en deux grandes catégories : d'une part celles portant sur le contenu scientifique – en particulier les questions de non-calculabilité des processus mentaux et la réduction objective de la fonction d'onde – et d'autre part celles portant sur l'interprétation philosophique de ces arguments scientifiques.

Les critiques scientifiques ont naturellement été émises par des spécialistes, parfois très proches de Penrose, comme son ami et collègue Stephen Hawking ou le physicien français Roland Omnès (Penrose et al. 1999, pp. 190-220). Ces critiques mettent en question deux aspects en particulier de la proposition de Penrose : la durée d'éventuels phénomènes quantiques dans les microtubules serait d'une part trop courte pour produire un effet macroscopique ; et d'autre part, par leur taille, les autres composants des neurones – tels que les récepteurs pré- et postsynaptiques – devraient être soumis à la physique classique plutôt qu'à la mécanique quantique (Valderas 2018, p. 40). On peut cependant noter que le débat sur les états quantiques superposés et la décohérence, c'est-à-dire l'écroulement de la fonction d'onde décrivant ces états, reste largement ouvert aujourd'hui[18]. De nouvelles explications et interprétations de ces états superposés à l'échelle macroscopique continuent d'ailleurs d'être régulièrement proposées ; citons par exemple le « solipsisme convivial » présenté par Zwirn dans un article récent (Zwirn 2020). De plus, les idées sur l'unification de la gravitation relativiste et de la physique quantiques exposées par Penrose n'ont pas été à proprement parlé disqualifiées à ce jour : différentes démarches sont en concurrence – théorie des cordes, gravitation à boucles, etc. –, de nouvelles approches se font jour – le caractère quantique de la gravitation est par exemple mis en question – mais rien n'a véritablement abouti (Tilloy 2019). La découverte d'une théorie unificatrice reste l'un des principaux défis de la physique des prochaines années, peut-être des prochaines décennies.

Sur l'aspect philosophique ensuite, le point le plus attaqué fut l'invocation du théorème d'incomplétude de Gödel pour justifier la démonstration du caractère non algorithmique de la compréhension mathématique. Putnam produit l'une des attaques les plus dures envers cette utilisation, dans un article assez bref et lapidaire (Putnam 1994) : selon Putnam, le même argument a déjà été présenté par le philosophe John Lucas dans les années soixante et formellement réfuté par les logiciens

---

[18] Pour une présentation synthétique : (Susskind et Friedman 2015, pp. 210-214).

(Lucas 1961). Il considère notamment qu'il n'est pas certain que le cerveau puisse être considéré comme un système formel, ce qui invaliderait l'application du théorème de Gödel – ou sa version informatique proposée par Turing et utilisée par Penrose dans son raisonnement.

De nouveau, notre but n'est pas d'analyser les arguments présentés par les uns et les autres et de prendre fait et cause pour l'une des parties. En revanche on peut dresser, autour de ce débat, deux constats qui contribuent à notre réflexion.

Il nous faut tout d'abord concéder à Penrose une attitude pour le moins exemplaire face à l'adversité. Fidèle à la valeur d'honnêteté si précieuse dans le champ de la recherche scientifique, il choisit de circonscrire le « combat » sur le seul terrain des idées : soucieux de prendre en compte les critiques et d'étayer son propos, Penrose consacre une grande part de son deuxième ouvrage (Penrose 1995) à la réfutation des objections et à la consolidation de sa position. Il y liste en particulier vingt critiques auxquelles il répond de manière détaillée (*ibid.*, pp. 70-107)[19]. Il prend grand soin de réexaminer sa conclusion – et de la réaffirmer – à la lumière de cette confrontation d'arguments. Il laisse enfin s'exprimer dans son troisième ouvrage quelques-uns de ses détracteurs, tant des philosophes que des scientifiques, auxquels il accorde une grande place dans ses pages (Penrose et al. 1999). En regardant l'ensemble de son « triptyque » d'ouvrages exposant et défendant sa proposition, on est saisi par la volonté affichée par Penrose d'être dans un dialogue véritable, un processus dialectique au sens grec de cheminement vers la vérité ; on remarquera également le ton employé par Penrose, parfois

---

[19] Notons qu'à l'issu de ce chapitre particulier, Penrose arrive à la conclusion suivante : si sa proposition présente des points faibles, elle reste pertinente et résiste aux critiques formulées.

ferme et assuré, mais toujours dans la retenue, même face à la véhémence de certaines attaques.

Ce qui nous conduit au second constat : la proposition de Penrose est un véritable révélateur des tensions entre philosophes et scientifiques, telles que nous les avons évoquées un peu plus tôt dans nos rappels historiques. Si certains ont su garder un ton relativement cordial d'autres, comme Putnam, ont pu faire montre d'une pointe de mépris et de condescendance vis-à-vis de la théorie de Penrose. Plusieurs points ont cependant permis de pacifier les échanges. On a vu tout d'abord, à travers le parcours de Penrose, que sa proposition naturaliste s'inscrivait presque parfaitement dans l'état de l'art des sciences des années quatre-vingt, tant en intelligence artificielle qu'en physique et en biologie ; sa théorie de l'esprit n'est pas particulièrement audacieuse dans son contenu scientifique, et peut être vue comme un instantané des connaissances et des perspectives raisonnables des différentes disciplines mises en jeu. C'est donc finalement plus l'audace de relier ces disciplines que l'on peut saluer dans sa démarche. Ensuite, Penrose est lui-même un scientifique parfaitement intégré tout au long de sa carrière dans la recherche de son époque, à la fois institutionnellement et scientifiquement : ses travaux, féconds et nombreux, ne créent cependant pas de réelle « rupture épistémologique », pour reprendre l'expression consacrée par Gaston Bachelard, et font globalement consensus dans les communautés scientifiques des différents domaines concernés. C'est sans aucun doute ce « palmarès » académique et scientifique qui a permis à Penrose d'éviter des attaques *ad personam* sur la base de ses compétences ou de ses connaissances. Dernière remarque enfin : Penrose a publié sa théorie de l'esprit sous forme d'ouvrages « grand public » – enrobée dans une masse conséquente d'informations scientifiques de pointe mais vulgarisées – et non dans des revues professionnelles spécialisées, ce qui a pu contribuer à ménager la susceptibilité des communautés philosophique et scientifique.

Cependant l'animosité entre philosophie et sciences ne doit pas être nécessairement perçue de manière négative, car les enjeux de la théorie de l'esprit méritent réellement que les questions qui y sont liées soient débattues. Elle met d'ailleurs en lumière l'approche singulière de la théorie de l'esprit par les philosophes, comme le souligne Andler : la perspective adoptée par ces derniers se veut plus large que le seul angle d'attaque scientifique. Dans ce cadre, les sciences cognitives s'inscrivent dans un panorama beaucoup plus grand composé de multiples sources d'informations, et la tâche des philosophes est alors non seulement de traiter les données apportées par ces sciences, mais également de questionner et déterminer leur place dans un tableau plus global (Andler 2016, p. 106).

Le « cas Penrose » montre que si des débats peuvent se tenir entre les deux domaines, ceux-ci ne peuvent actuellement être menés que par des personnes d'expérience, jouissant d'une reconnaissance de part et d'autre, et solidement chevillées dans une démarche dialectique constructive. Toute proposition de naturalisation du platonisme, avant même d'être portée et débattue sur les terrains disciplinaires, devra d'abord passer l'obstacle du contexte institutionnel et, pourrait-on risquer, humain.

Analyse philosophique

Revenons maintenant sur un terrain plus philosophique. Des nombreux développements et arguments exposés par Penrose, on peut extraire deux propositions principales sur lesquelles reposent sa théorie de l'esprit :

(A1) La compréhension mathématique n'a pas un caractère algorithmique, mais au contraire se trouve être de nature *non* calculable.

(A2) Le phénomène physique *non* calculable que l'on pourrait associer au phénomène mental de la compréhension mathématique relève de la physique quantique. Il se produirait au niveau des microtubules des cellules neuronales.

Cette proposition naturaliste s'appuie donc d'une part sur la logique et l'informatique pour (A1), et d'autre part sur la physique quantique et la biologie pour (A2). Or on se doit de constater immédiatement que la portée de (A1) et (A2) est avant tout *épistémique* : il est en effet très clair que Penrose entend avant tout, par ces arguments, expliquer le caractère singulier de notre compréhension mathématique. Cette tentative amène deux remarques.

On l'a vu, Penrose a souligné la difficulté – naturellement soulevée par d'autres philosophes – de définir précisément les notions de conscience, d'intelligence, de compréhension, de pensée, etc. Son choix d'opter pour le terme volontairement ambigu de « compréhension immédiate » peut sembler, au premier abord, attaquable : comment en effet réfléchir sur un sujet mal défini ? Mais il faut au contraire déceler ici une démarche toute scientifique, intégrant une ouverture d'esprit et écartant d'emblée d'éventuels *a priori* trop marqués qui risqueraient de fausser les interprétations ou d'égarer vers de fausses pistes [20]. Il existe de nombreux exemples dans les sciences physiques ou les mathématiques mettant en jeu de tels *modus operandi* : un chercheur ayant *l'intuition* d'un objet – un

[20] L'un des exemples les plus notables de l'histoire des sciences est celui de la constante cosmologique d'Einstein. Par un pur a priori d'ordre religieux quant à l'immuabilité supposée de l'Univers, le célèbre physicien a privé la relativité générale d'une prévision précoce, dès 1916, de l'expansion cosmique : il introduit une constante cosmologique dans son équation de champ gravitationnel et force ainsi l'émergence d'une solution stationnaire. Une erreur qu'il considérera lui-même comme la plus grande de sa carrière. Ironiquement c'est un prêtre, l'astronome et cosmologiste belge Georges Lemaître (1894-1966), qui déterminera que les solutions naturelles de l'équation d'Einstein correspondent à des univers en mouvement.

électron, une fonction aux propriétés particulières – et posant comme hypothèse son existence, peut envisager et rechercher les propriétés nécessaires de cet objet. En observant effectivement ces propriétés ou en les démontrant, il est en mesure de conclure à son existence effective. En mathématique, c'est la démarche classique de démonstration par analyse-synthèse (Bayart s. d.). La méthode adoptée par Penrose se borne donc ici à poser l'hypothèse que la compréhension et l'intelligence existent et sont des objets dont on peut étudier scientifiquement les propriétés, mais dont on ne sait pas encore clairement délimiter les contours.

Il faut ensuite noter que (A1) et (A2) ne portent pas *stricto sensu* sur la connaissance de l'entièreté des entités mathématiques : ils tendent à expliquer uniquement notre connaissance spécifique des vérités mathématiques. Mais *quid* des objets plus généraux des mathématiques, comme les nombres, les triangles, etc. ? Penrose affirme clairement ne pas souhaiter effectuer de discrimination parmi les entités mathématiques, et pose comme principe que « le caractère absolu de la vérité mathématique et l'existence des concepts mathématiques dans un univers platonicien sont essentiellement la même chose » (Penrose et Gardner 1992, p. 120). Il induit donc de (A1) que notre connaissance de *tous* les objets mathématiques – et pas seulement de la vérité des assertions mathématiques – est non calculable.

Replaçons cette approche dans le cadre platoniste, en reprenant les trois principes essentiels de la doctrine (P1), (P2) et (P3) exposés plus haut. Il apparaît tout d'abord que Penrose accepte comme une évidence (P3), à savoir que les objets mathématiques sont indépendants de la connaissance que nous en avons. Et en effet nous avons vu que le mathématicien défendait ce constat, en évoquant par exemple l'appartenance d'un point du plan complexe à l'ensemble de Mandelbrot, appartenance indépendante des personnes ou même des ordinateurs qui les examinent. De cette indépendance des propriétés (P3), Penrose infère ensuite une conséquence d'ordre *ontologique*, en expliquant que « c'est "l'indépendance par rapport au mathématicien" de l'ensemble de Mandelbrot qui lui donne son existence platonicienne » (ibid., p. 120). En résumé pour Penrose (P3) implique (P1), c'est-à-dire que l'indépendance communément constatée des objets mathématiques est la preuve d'une existence propre. Nous discuterons un peu plus loin ce point. Enfin, nous l'avons évoqué également, Penrose souligne une sorte de paradoxe entre l'efficacité des nombres réels à décrire la réalité physique et, malgré cela, le fait que ces mêmes nombres, par leurs propriétés de continuité notamment, ne peuvent avoir une existence physique. Il exprime là, implicitement, le caractère abstrait des objets mathématiques, c'est-à-dire la propriété (P2).

De ces éléments de réflexion, on tire une conclusion plutôt surprenante : en définitive, le cœur de la proposition de Penrose ne constitue pas une naturalisation des fondements du platonisme mathématique. En effet, les principes (P1), (P2) et (P3) sont étayés moins par des arguments scientifiques que par des raisonnements d'ordre logique ou philosophique, voire des positions de principe. La théorie de Penrose ne serait donc pas, finalement, un platonisme naturalisé ? Gardons-nous de répondre par la négative, car les propositions (A1) et (A2), comme nous l'avons déjà remarqué, portent sur la modalité de connaissance des objets mathématiques : on peut donc reconnaitre ici une tentative de naturalisation du *problème de l'accès*, catégorisé par Penrose en tant que Mystère n°3. Mais cette « naturalisation partielle » pose question : en effet, Penrose n'explore pas les tenants et les aboutissants ontologiques de sa proposition, et reste très évasif sur le statut véritable du monde platonicien. Adoptons cependant sa perspective, même imprécise, et interprétons (A1) et (A2) sous cet angle : d'un côté les entités mathématiques peuplant le monde platonicien « vivent » et se « comportent » de manière non calculable ; ce serait là, en quelque sorte, leur mode d'existence. De l'autre côté dans le monde réel, un phénomène physique, quantique, présente lui aussi ce caractère non calculable ; c'est cette caractéristique commune qui permettrait à notre esprit, lorsque ce phénomène se produit dans le cerveau, « d'appréhender » les différentes propriétés des *habitants* du monde platonicien.

Afin d'estimer la pertinence de cette modalité épistémique, confrontons celle-ci aux deux demandes de Benacerraf, exprimées en conclusion de son dilemme, puisque comme nous l'avons souligné (*cf.* p. 33), il s'agit là d'un défi inévitable que doit relever toute proposition en philosophie des mathématiques. Or il nous apparaît que les propositions (A1) et (A2) pourraient en effet être considérées comme une piste de réponse possible à ces demandes.

En premier lieu, ces arguments semblent bien proposer un nouveau critère – le recours à un phénomène physique non computationnel – pour évaluer la vérité d'un théorème, complémentaire à la seule démonstration formelle. Ensuite le choix, argumenté, fait par Penrose d'inscrire la compréhension mathématique dans le contexte plus large d'un phénomène de « compréhension immédiate » – lui-même support supposé de la conscience et de niveaux plus élevés d'intelligence – semble permettre d'inclure la connaissance mathématique dans une définition plus générale des connaissances. Penrose d'ailleurs affirme explicitement que « si [...] le rôle de la conscience est non algorithmique quand nous formons des jugements *mathématiques* [...], alors nous pouvons être sûrs qu'un tel composant non algorithmique peut être également crucial pour le rôle de la conscience dans des circonstances plus générales (non mathématiques) » (Penrose et Gardner 1992, p. 453). Bien entendu, il ne s'agit là que d'amorces de réponses, car de nombreux aspects mériteraient d'être approfondis et complétés. On peut par exemple questionner l'articulation entre les deux critères de valuation de la vérité, démontrabilité dans le système formel des mathématiques et « perception » non calculable : ces deux critères donnent-ils toujours la même valeur de vérité ? Le second critère englobe-t-il le premier, comme un sous-ensemble ?

Si de nombreux points restent à éclaircir, l'exploration d'une question en particulier peut s'avérer féconde, celle du lien entre notre compréhension mathématique et les vérités du monde platonicien : comment expliquer une éventuelle correspondance entre la vérité attribuée par le phénomène quantique et la valeur *objective* de vérité d'un théorème mathématique ? Cette question n'est pas explicitement abordée dans le raisonnement de Penrose, et nous ramène à la question primordiale du statut ontologique des entités mathématiques. On peut en effet esquisser trois modèles : (i) la vérité mathématique existe au sens platonicien, indépendamment du phénomène physique qui lui se produit dans le réel, et il se trouve que ces deux entités fonctionnent selon des lois communes (liées à la non-calculabilité) ; (ii) on adopte une vision de type réalisme scientifique en affirmant que les lois mathématiques régissent *par essence* les phénomènes physiques ; (iii) on envisage que la réduction objective **RO** permet une interaction causale et *physique* avec un monde « parallèle » platonicien. Examinons les implications ontologiques de ces trois modèles.

Dans le premier cas (i), la proposition est intéressante en ce qu'elle ne nécessite pas un lien causal direct entre le monde platonicien et le réel : l'existence des entités platoniciennes « vérités mathématiques » et de l'entité réelle « phénomène physique » se déroulent en parallèle, chacune dans leur monde respectif, et c'est l'unicité *légale* de leur comportement qui donne l'apparence d'un accès aux propriétés des objets du monde platonicien. Le cerveau disposerait selon cette hypothèse d'une sorte de « simulateur de monde platonicien » performant, fondé physiquement sur la réduction objective **RO** et fournissant une représentation fidèle des objets mathématiques. Mais des interrogations se font jour rapidement : Penrose considère par exemple que **RO** n'est sans doute pas l'unique phénomène non computationnel du réel. Si la physique comporte plusieurs phénomènes non calculables, présentent-ils tous cette capacité d'accéder aux vérités mathématiques ? Dans l'affirmative, proposent-ils tous la même valuation des propositions mathématiques, et comment l'expliquer ? Par ailleurs cette position ontologique nécessiterait une correspondance bijective, au sens mathématique, entre les vérités mathématiques platoniciennes et les vérités « simulées » par **RO** dans le cerveau ; ce qui n'est pas inenvisageable, mais comme nous le verrons dans quelques lignes, rendrait alors obsolète le concept de monde platonicien.

Le deuxième cas (ii) coïnciderait quant à lui avec ce que le physicien et philosophe Étienne Klein nomme le pari métaphysique de Galilée (Klein 2015) – la nature est écrite en langage mathématique[21] – et érigerait celui-ci en tant que principe ontologique, dans le cadre d'un réalisme scientifique : les phénomènes physiques fonctionneraient selon des lois mathématiques, inscrites dans leur *essence*. Autrement dit, sous cet angle les équations mathématiques des théories physiques fondamentales ne se présentent pas uniquement comme des modèles fournissant des approximations de phénomènes, mais au contraire se trouvent *être* des descriptions fidèles et intimes du réel. C'est une vision qui a notamment connu un succès

---

[21] La citation exacte, tirée de son ouvrage *L'essayeur* (1623) est la suivante : « La philosophie est écrite dans cet immense livre qui continuellement reste ouvert devant nos yeux (je dis l'Univers), mais on ne peut le comprendre si, d'abord, on ne s'exerce pas à en connaître la langue et les caractères dans lesquels il est écrit. Il est écrit dans une langue mathématique, et les caractères en sont les triangles, les cercles, et d'autres figures géométriques, sans lesquelles il est impossible humainement d'en saisir le moindre mot ; sans ces moyens, on risque de s'égarer dans un labyrinthe obscur. »

certain auprès des physiciens du début du 20e siècle, succès encouragé par l'émergence des deux grandes théories physiques fondamentales, la relativité et la mécanique quantique, développée grâce à des mathématiques de haut niveau. Dirac notait ainsi dans les années trente un lien entre mathématiques et réel plus profond qu'une simple description. Confrontant méthode empirique et méthode mathématique pour analyser la réalité physique, Dirac remarque qu'il n'existe pas *a priori* de raison logique de penser que la seconde méthode puisse être simplement possible (Dirac 1938). Les étonnants mais incontestables succès rencontrés par cette approche traduisent, selon lui, l'existence d'une caractéristique mathématique particulière de la Nature, qui ne se dévoile qu'à la faveur d'une analyse fine des lois physiques. Plus récemment, Connes s'étonne lui aussi de la « cohérence certaine et difficilement explicable » entre monde physique et monde mathématique, et constate qu'il « est difficile de comprendre que les mathématiques gouvernent l'organisation des phénomènes naturels » (Changeux et Connes 1992, pp. 85-86).

Cette hypothèse conduit à deux conséquences intéressantes. Elle présente tout d'abord une pleine cohérence avec la proposition de Penrose, puisque l'utilisation d'un phénomène réel par notre cerveau pour appréhender des vérités mathématiques se trouve justifiée par l'*essence mathématique* de ce phénomène. Ensuite, cette vision pourrait expliquer l'efficacité des mathématiques à décrire le réel puisque, en un sens, cette efficacité est prise comme un axiome, un principe même de la réalité physique. Un argument en faveur de cette relation intime entre mathématiques et réalité est l'extrême précision, soulignée par Penrose, avec laquelle des calculs théoriques ont pu faire des prévisions sur des mesures empiriques. Penrose se sert d'ailleurs de cette précision comme critère pour proposer une classification des théories physiques fondamentales en trois catégories – SUBLIME, UTILE et PROVISOIRE –, en classant dans SUBLIME toute théorie dont « l'étendue [du] domaine d'application et la précision avec laquelle elle s'applique [sont], en un certain sens, *phénoménales* » (Penrose et Gardner 1992, p. 161). Il place dans cette catégorie SUBLIME la mécanique quantique ainsi que la relativité générale dont la précision atteinte pour les prédictions sur un pulsar binaire est de l'ordre de 10^{14} (*ibid.*, p. 162). On sait cependant que cette position ontologique souffre de difficultés encore débattues : nous avons déjà parlé du problème de la sous-détermination des théories physiques développé par Quine (*cf.* p. 18), et Klein évoque quant à lui la question philosophique « les mathématiques sont-elles le langage de la nature ou le langage de l'homme ? », traitée notamment par Kant et Husserl. Sur cette dernière question, on peut compléter par le propos de Changeux évoquant deux attitudes opposées : celle de Descartes et Leibniz affirmant que « les mathématiques éclairent le monde de leur vérité et permettent d'unifier l'ensemble des sciences », et à l'inverse celle de Diderot pour qui « les mathématiques n'ajoutent rien à l'expérience » et ne font « qu'interposer un voile entre la Nature et le peuple » (Changeux et Connes 1992, pp. 19-20).

Une autre difficulté se révèle d'importance : les entités mathématiques semblent bien surnuméraires par rapport à leurs applications en physiques, c'est-à-dire qu'un grand nombre d'outils mathématiques ne sont pas utilisées par des théories ou des modèles physiques. Connes cite en exemple le corps des nombres p-adiques [22], ceux-ci n'ayant jusqu'à maintenant « jamais servi à résoudre un seul problème de physique » (*ibid.*, p. 32). Il ne semble donc pas y avoir une bijection parfaite entre concepts mathématiques et phénomènes physiques. Ce point

---

[22] Les nombres p-adiques ont été introduits par le mathématicien allemand Kurt Hensel à la toute fin du 19e siècle. Le principe général est de construire une arithmétique différente autour du développement des nombres en base p (p étant un nombre premier). Voir par exemple (Mehl 2002).

est cependant susceptible de recevoir des justifications : on peut imaginer par exemple que l'ensemble fini et restreint des principes mathématiques nécessaires au fonctionnement du réel soit un ensemble génératif qui sous-tende des structures mathématiques plus complexes et qui n'ont pas obligatoirement de matérialisation dans la réalité[23]. Dirac défend également la possibilité que les applications des outils surnuméraires soient mises en lumière ultérieurement dans de futurs développements de la physique (Dirac 1938, p. 3) :

> *« On peut penser que le mathématicien joue un jeu dont il invente lui-même les règles, tandis que le physicien joue un jeu dont les règles sont édictées par la Nature […]. Il est possible que les deux domaines finissent par être unifiés, chaque branche des mathématiques pures se voyant associée à une application physique. »*[24]

Si une bijection pouvait d'aventure être mise en évidence, ou que le caractère surnuméraire des mathématiques trouvait une justification satisfaisante, on s'apercevrait que le premier cas présenté plus haut s'en trouverait réduit au cas présent. En effet, si le monde platonicien est causalement séparé du réel, donc inconnaissable, et que les lois et objets mathématiques trouvent – tous ou pour une partie significative – une matérialisation dans le monde physique, une situation sans monde platonicien est alors parfaitement équivalente. Le monde platonicien devient superflu, d'un point de vue naturaliste comme d'un point de vue épistémologique plus large. On peut d'ailleurs se

---

[23] Connes soutient et défend le caractère génératif des mathématiques (Changeux et Connes 1992, pp. 92, 95), c'est-à-dire leur capacité à engendrer des concepts nouveaux. En revanche soulignons qu'il ne souscrit pas à l'idée que « la réalité mathématique se situe dans le monde physique » (*ibid.*, p. 74).

[24] Traduit de l'original par l'auteur : *« [One may say that] the mathematician plays a game in which he himself invents rules while the physicist plays a game in which the rules are provided by Nature […]. Possibly, the two subjects will ultimately unify, every branch of pure mathematics then having its physical application. »*

demander si le cas présent relève toujours d'une vision platoniste, puisqu'on n'y considère pas l'existence d'un monde idéel séparé. Nous reviendrons sur cette question un peu plus loin.

Enfin le dernier cas (iii) permet d'envisager la possibilité qu'un ou plusieurs phénomènes physiques permettent des interactions causales avec le monde platonicien : ce dernier et la réalité physique seraient alors deux mondes en grande partie indépendants l'un de l'autre, mais interagissant néanmoins par certains phénomènes physiques. Cette logique n'est pas scientifiquement inenvisageable ; on la retrouve en effet dans certaines théories cosmologiques comme les modèles dits bimétriques, décrivant l'univers comme composé des deux feuillets, deux versants interférant l'un avec l'autre seulement *via* la force de gravitation[25]. Dans le cadre de cette hypothèse, le monde platonicien serait en principe susceptible d'être soumis à une exploration scientifique empirique, exploitant les interactions physiques permises, par exemple **RO** proposée par Penrose. Le monde platonicien se verrait ici englobé dans le *monde naturel*, donc d'un point de vue naturaliste se placerait *de facto* sous la « juridiction » des principes (N1) et (N2). Cette hypothèse amène elle aussi son lot de questions : le monde platonicien possèderait-il ses propres lois physiques, différentes du monde dans lequel nous évoluons ? Les lois communes, comme potentiellement **RO**, suffiraient-elles à explorer et comprendre la totalité de la physique de ce *feuillet* d'univers ?

Au-delà de ces différentes ontologies possibles, on voit finalement qu'en gardant une perspective assez large, les

---

[25] Ces modèles se veulent, entre autres justifications, une réponse au problème de l'absence apparente d'antimatière dans l'univers observable. Le physicien russe Andreï Sakharov a été le premier à proposer un modèle d'univers comportant deux feuillets à flèches du temps opposées (Sakharov 1982b; traduction in 1982a).

arguments épistémiques (A1) et (A2) de Penrose sont en principe susceptibles de répondre aux demandes de Benacerraf. En principe seulement, car si **RO** pose une base physique possible pour expliquer la compréhension mathématique, il manque de toute évidence la description d'une chaîne de mécanismes qui permette au cerveau d'extraire ou de retrouver les vérités mathématiques, ainsi que les étapes menant du phénomène physique au phénomène mental de la compréhension. La proposition de Penrose met ici en lumière l'une des principales difficultés de la naturalisation de l'esprit en général : l'articulation entre les structures physiologiques du cerveau – leurs rôles et la physique mise en jeu dans leur fonctionnement – et les phénomènes mentaux subjectifs. Changeux rapproche cela du travail du biologiste qui « consiste en général à mettre en relation une fonction avec une organisation structurale définie : il s'agit d'établir une relation *causale* entre structure et fonction » (Changeux et Connes 1992, p. 119). Penrose identifie clairement son objet physiologique, les microtubules neuronales, et le phénomène physique en action, la réduction objective **RO**. Le phénomène mental est quant à lui plus nébuleux – c'est un choix volontaire du mathématicien, comme nous l'avons vu – et nommé « compréhension immédiate ». Mais le lien entre ces deux niveaux est une justification uniquement rationnelle, basée sur un théorème logique ; or on peut raisonnablement suspecter que les structures plus grandes du cerveau – comme les réseaux neuronaux – jouent également un rôle dans l'émergence de la compréhension mathématique. Penrose fait lui-même le constat que l'apparition de cette compréhension ne peut être expliquée par le seul niveau individuel d'une cellule (Penrose 1995, p. 361) :

« Souvenons-nous que la conscience a un caractère global. […] Rien ne suggère qu'un cytosquelette[26] *ou un microtubule individuels "comprennent" une partie quelconque du raisonnement gödelien ! La compréhension opère sur une échelle bien plus globale […]. »*

Terminons notre analyse de la proposition de Penrose en remarquant la forme de « pudeur » dont font preuve les mathématiciens réalistes en général lorsqu'il s'agit d'évoquer le monde platonicien. Leurs écrits expriment explicitement une certitude de l'existence de celui-ci, nous l'avons vu dans plusieurs exemples ; mais si l'on sait écouter, les non-dits sont « assourdissants » vis-à-vis du véritable statut de ce monde « onirique » et non sensible, un statut d'une certaine façon de l'ordre du mystique - du pittoresque aurait pu dire Gaston Bachelard – et donc avant tout non scientifique. On retrouve par exemple cette réserve chez Gödel, pourtant notoirement connu pour sa vision résolument réaliste. Le philosophe Pierre Cassou-Noguès nous apprend que les premiers textes philosophiques du logicien autrichien se montraient « très prudents sur la question du platonisme », et qu'il « est difficile de dater le platonisme de Gödel » (Cassou-Noguès 2012, p. 95). Gödel a pourtant développé au fil des années une métaphysique fournie concernant le monde platonicien, peuplé non seulement d'entités mathématiques, mais également de créatures mystiques (*ibid.*, p. 79) :

« Gödel semble parler de mondes, disons parallèles, qui ne sont pas situés dans l'espace et le temps de notre monde et auxquels nous n'accéderons que dans une vie future. Les intelligences supérieures qui habitent ces mondes sont des anges

[26] Les microtubules sont des composants d'une structure plus large appelée cytosquelette ; celui-ci est « la charpente qui maintient la forme de la cellule » (Penrose 1995, p. 347).

et des démons et, sans doute, ces sortes de fantômes que nous deviendrons dans ces mondes d'après la mort terrestre. »

Si Gödel n'évoque sa vision complète que dans des brouillons non publiés de son vivant, il était en revanche réellement persuadé de l'existence de ce monde platonicien[27]. Or en lisant attentivement les écrits de Penrose, on remarque que ceux-ci portent moins sur l'existence d'un véritable monde isolé – une dimension « parallèle » sans lien causal avec la réalité physique – que sur l'existence *ressentie* et l'indépendance des vérités mathématiques et des propriétés des objets mathématiques vis-à-vis du sujet qui les étudie. La nuance est importante car, comme nous l'avons vu, ce ressenti intérieur est considéré par certains comme un phénomène psychologique.

La théorie développée par Penrose est donc loin d'éclaircir les nombreuses zones d'ombres qui subsistent dans ce vaste territoire d'exploration scientifique et philosophique que constitue l'esprit humain. En revanche, elle soulève un certain nombre de questions pertinentes – scientifiques, épistémiques et ontologiques – qui nous éclairent sur les pistes à suivre pour tenter de mener à bien une naturalisation du platonisme mathématique.

---

[27] Penrose note d'ailleurs que « Gödel lui-même défendait un platonisme très fort » (Penrose et Gardner 1992, p. 121).

Vers une naturalisation du platonisme mathématique

« Tu as le droit de t'accrocher à un bout de rêve pour te porter en avant, mais jamais pour t'éloigner du réel. »

MICHEL QUOIST[28]

Le cas du platonisme « mystique »

Rafael Nùñez présente en ses propres termes (Nùñez 2015, p. 14) la première question qui se présente à nous lorsque l'on examine la possibilité de naturaliser la philosophie des mathématiques :

> *« Comment l'étude scientifique de l'esprit peut-elle rendre compte d'un domaine d'idées abstrait, idéel, objectif, précis, sophistiqué et puissant, s'il est impossible de faire l'expérience corporelle directe de ce sujet d'étude ? »*

Peut-on échapper à cette aporie ? L'examen de la proposition naturaliste de Penrose nous montre qu'il faut déplacer la question vers celle de l'accès au monde platonicien : en effet, la vision classique du platonisme mathématique affirme l'existence d'objets abstraits peuplant un monde des idées causalement séparé du monde réel, tandis qu'un « mécanisme mystérieux » de notre esprit permet d'accéder à ce monde idéel. Si ce mécanisme est de nature mystique, non

[28] (Quoist 1979).

physique, on s'aperçoit rapidement, à l'instar de Nùñez, que l'ontologie qui en résulte pose un problème essentiel dans le cadre d'une approche naturaliste : le monde platonicien, causalement séparé, peut-il faire partie du monde naturel, au sens de (N1) ?

La réponse est négative, le monde platonicien ne peut pas être considéré comme appartenant au monde naturel : l'indépendance *causale* du monde idéel vis-à-vis de notre monde concret empêche par principe que l'on puisse l'explorer par des méthodes scientifiques, puisqu'aucun phénomène physique, donc relevant de la compétence des sciences physiques, ne peut interagir avec lui. On peut également ajouter que du même fait, le monde platonicien semble peu susceptible d'accepter un critère de réfutabilité, au sens de Popper. La question de l'existence d'un tel monde platonicien, non réfutable, ne peut donc se réclamer du statut de théorie scientifique et échappe par conséquent à toute tentative de démarche naturaliste.

Ce platonisme mathématique « mystique » entraîne de plus une autre conséquence forte, sur notre monde réel cette fois : accepter l'existence du « mécanisme mystérieux » dans notre cerveau, permettant un accès *non physique* au monde platonicien, contrevient au principe naturaliste (N3) et revient à admettre qu'une partie des phénomènes du réel n'est pas explicable par les sciences physiques[29]. Les phénomènes susceptibles d'être appréhendés par les sciences constitueraient alors un « monde naturel » – au sens du principe (N1) de la doctrine naturaliste –,

[29] Il serait d'ailleurs intéressant de réfléchir aux caractéristiques que devraient présenter des phénomènes pour se situer hors du champ scientifique. Carl Jung aborde par exemple cette question dans (Jung 1988, pp. 23-24) : selon lui, l'objet des sciences naturelles est l'étude des phénomènes présentant un « caractère de régularité » et « reproductibles », ce qui exclue les événements « uniques ou rares ». Or si l'on ne peut se représenter des événements de « l'univers macrophysique » qui échapperaient au principe de causalité, « cela ne veut nullement dire qu'il ne s'en produit pas ».

lui-même sous-ensemble du « monde réel », celui de tous les phénomènes sensibles (*cf.* Figure 3). Dans le cadre de notre compréhension des entités mathématiques, cela correspond clairement à la position $\mathcal{D}$ dans la nomenclature des conceptions de la conscience proposée par Penrose. Ce dernier associe d'ailleurs le platonisme mathématique « mystique » avec le point de vue $\mathcal{D}$, « qui fut apparemment celui de Gödel » et « selon lequel l'activité de l'esprit est irréductible à celle du cerveau physique » (Penrose 1995, p. 135).

Il apparaît donc que dans sa version « mystique » communément considérée, le platonisme mathématique ne saurait s'inscrire dans une démarche naturaliste, ni ontologiquement – l'existence du monde platonicien est une question de nature non scientifique – ni sous l'angle épistémique, car le « mécanisme mystérieux » n'est pas un phénomène physique.

Les cas associés à un mécanisme d'accès physique

En revanche dès qu'on considère que le mécanisme d'accès aux entités mathématiques est susceptible d'être expliqué par les sciences – en accord avec (N3) – il nous est permis, comme nous l'a montré l'analyse de la proposition de Penrose, d'envisager plusieurs variantes ontologiques du platonisme laissant entrevoir une possibilité de naturalisation (*cf.* Figure 3). Nous avons pu réduire ces variantes aux deux suivantes :

(V1) Tous les phénomènes physiques sont régis dans leur essence par des lois mathématiques, le monde naturel s'identifie alors au monde réel ; le monde platonicien est une « simulation » produite par le cerveau, à partir de phénomènes physiques se déroulant à l'intérieur de ce dernier, et associée au ressenti d'un monde structuré, unifié et consistant.

(V2) Le monde réel, sensible, et le monde platonicien font partie d'un monde naturel plus large ; ils sont en grande partie indépendants l'un de l'autre, mais peuvent néanmoins interagir *via* un ou plusieurs phénomènes physiques en commun, susceptibles d'être étudiés par les sciences.

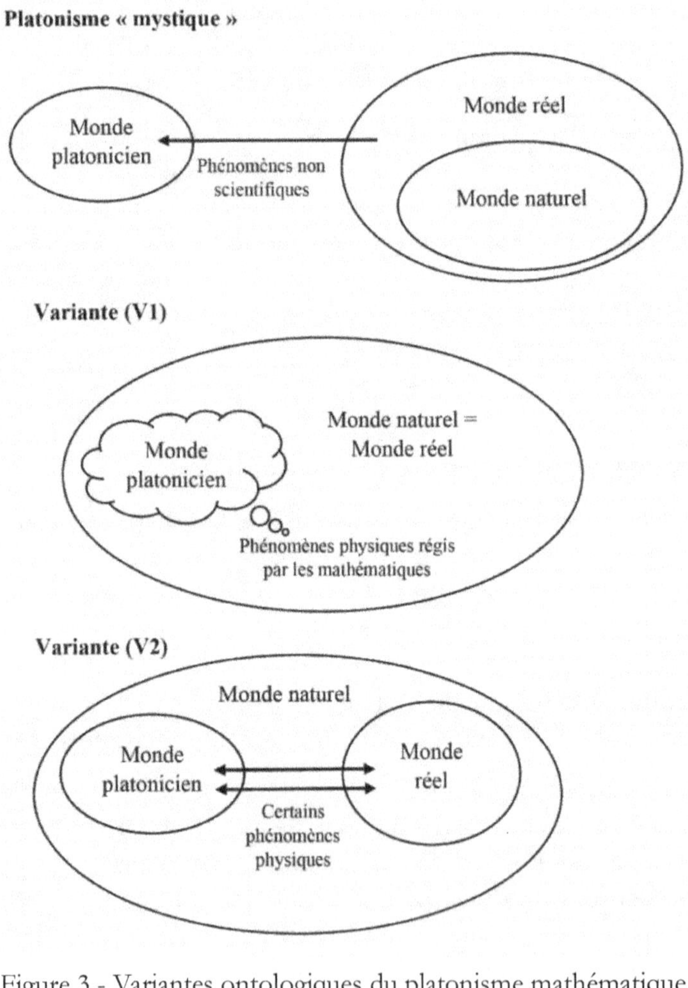

Figure 3 - Variantes ontologiques du platonisme mathématique

Nous avons vu un peu plus haut que le caractère platoniste de (V1) pouvait être mis en doute, car on n'y envisage pas la véritable existence d'un monde idéel causalement séparé[30]. Examinons l'adéquation de ce cas aux trois principes du platonisme : (P3), tout d'abord, reste valable dans ce modèle. En effet, sous réserve d'une position de réalisme scientifique, les lois mathématiques qui régissent le monde physique sont bien indépendantes de la connaissance que nous en avons. Ensuite, nous envisageons dans (V1) que le cerveau construit une image mentale, basée sur une forme de simulation, comparable à un monde virtuel généré par un ordinateur ; (P2) peut alors être considéré comme vérifié : les entités mathématiques sont des objets abstraits de cette simulation. On pourrait d'ailleurs proposer de changer la dénomination en « objets virtuels », pour nous rapprocher du concept d'objet informatique. En revanche (P1) reste problématique : doit-on considérer que les entités mathématiques existent dans les phénomènes physiques dont elles définissent les lois ? Ou encore que les réseaux de neurones qui s'activent lors de la simulation d'un objet mathématique sont une forme de réification de cet objet ?

En l'absence de réponse claire, on ne peut pas affirmer que (V1) corresponde *strictement* à un platonisme mathématique. Ce modèle semble même embrasser certaines caractéristiques de la pensée mathématique d'Aristote, que le philosophe grec développe notamment dans ses ouvrages *Physique* et *Métaphysique*. Parmi les neuf thèses de la vision aristotélicienne listées par le philosophe Miguel Espinoza (Espinoza 1997, p. 39), on remarque en effet que (V1) répond aux points suivants :

[30] On peut éventuellement prêter une forme d'existence non physique à ce monde platonicien, mais il est dans ce cas inconnaissable scientifiquement, non réfutable donc impropre à une démarche d'exploration naturaliste.

(1) Il existe une réalité physique connaissable.

(2) Cette réalité physique possède des propriétés mathématiques.

(4) La réalité mathématique n'est pas un ensemble d'êtres, de propriétés ou de relations séparables – dans les faits – de la réalité physique, elle en est séparable dans la pensée.

(5) Notre esprit est capable d'abstraire, de considérer de façon séparée une propriété ou une relation, un aspect d'une substance naturelle, et de le traiter comme s'il était un être.

Les thèses (1), (2) et (4) sont de nature ontologique et permettent d'ajouter une nuance possible à notre variante (V1) : nous avons considéré, à l'instar de la proposition de Penrose, que l'esprit « connaît » les mathématiques grâce à des phénomènes physiques siégeant *dans* le cerveau, mais Aristote considère plus généralement tous les phénomènes physiques comme source possible de connaissance mathématique. La variante (V1) pourrait alors accepter soit des phénomènes physiques *intérieurs* au cerveau, soit des phénomènes *extérieurs* à celui-ci. Cette particularité pourrait raisonnablement faire l'objet d'une enquête naturaliste, sous réserve d'imaginer des expériences de psychologie cognitive susceptibles de discriminer ces deux sources de connaissances, ou de chercher physiologiquement des structures organiques soutenant l'hypothèse d'un mécanisme interne au cerveau. Espinoza souligne au passage que la position aristotélicienne « implique que les sources des mathématiques sont naturelles, thèse essentielle à tout naturalisme [...] qui ne transforme pas les entités mathématiques en êtres fictifs » ; sa remarque s'applique également à nos modèles (V1) et (V2).

Ce caractère aristotélicien disqualifie-t-il (V1) dans notre problématique de naturalisation du platonisme mathématique ? La thèse (5) établie par Espinoza, clairement épistémique, se révèle capitale en fournissant une solide raison de conserver la variante (V1) dans le périmètre de notre démarche. En effet, dans la perspective de cette variante, il s'avère que le cerveau traite tout aspect mathématique « comme s'il était un être » et fabrique donc pour la conscience une illusion de platonisme : ce « platonisme illusoire » est alors un phénomène mental que l'on peut tenter de naturaliser, et son étude reste donc pertinente dans le cadre de ces pages. On pourrait également discuter une plus grande proximité de cette version avec la position originelle de Platon, car comme le souligne certains auteurs, le philosophe grec « ne place pas les objets mathématiques dans le monde des essences et des formes », mais dans « un monde intermédiaire qui participe des essences, mais ne le constitue pas » (Barreau 2013, p. 36).

Ajoutons que cette question d'un « univers mental mathématique » est commune avec la variante (V2) : dans ce cas, cet univers mental est une visualisation construite à partir d'une véritable perception par une structure physique du cerveau, pouvant rappeler sur le principe « l'œil pinéal » envisagé par Gödel (Cassou-Noguès 2012, p. 85), reposant sur un phénomène physique commun aux univers réel et platonicien ; tandis que dans (V1) il s'agit d'une construction virtuelle beaucoup plus élaborée du cerveau. Dans les deux cas l'ensemble des mathématiques est perçu par le sujet pensant comme un « monde » à part entière ; ce point apparaît comme fondamental, car comme nous l'avons vu (*cf.* p. 38), ce ressenti commun des pratiquants de mathématiques est considéré de manière plutôt unanime par les spécialistes de différentes disciplines, comme un « fait psychologique » à expliquer. Et le discours des mathématiciens relatant leur expérience introspective convoque en effet, de manière pratiquement systématique, un champ lexical lié à la géographie : Connes parle par exemple tout à fait explicitement de « géographie des mathématiques » et de « régions du paysage mathématique » (Dehaene 2014, p. 167), de « contrée familière » (Changeux et Connes 1992, p. 30). Cette sensation de paysage peut être rapprochée des nombreuses confirmations expérimentales d'un lien très fort entre performances mathématiques et perception de l'espace (Dehaene 2014, p. 168). Pour Dehaene, ce constat pourrait être corrélé à la proximité des aires cérébrales traitant les nombres et la représentation de l'espace. Par souci de clarté, nous adopterons pour la suite de notre réflexion l'expression « univers mental mathématique » pour désigner ce ressenti introspectif d'un paysage mathématique.

Et si (V1) et (V2) relèvent du platonisme dans des modalités qui leur sont propres, il nous faut remarquer que les autres positions philosophiques peuvent aussi s'articuler avec cette idée d'univers mental mathématique. Ainsi Dehaene, en tant que chercheur en neurosciences cognitives, témoigne-t-il d'une sensibilité plus nominaliste que réaliste (Dehaene 2014, p. 267) :

> *« Sans doute ne peut-on atteindre le plus haut niveau en mathématiques qu'en se formant une image mentale très vive des concepts que l'on manipule. Cette image acquiert alors la force d'une illusion, occultant l'origine humaine des objets mathématiques et leur conférant un semblant d'existence. »*

Pour Dehaene, le sentiment de réalité renvoyé par l'introspection pourrait donc, en définitive, n'être qu'une simple illusion, et les objets mathématiques ne seraient alors qu'un pur produit de l'esprit.

Les limites de l'introspection

Cet écueil de l'illusion est aussi soulevé par Dennett, dans le cadre plus général du problème de la conscience : le cerveau exécute des processus de traitement et d'interprétation des perceptions – tant externes qu'introspectives – qui comportent leurs propres biais cognitifs. Le cerveau peut donc être victime d'illusions, notamment visuelles, comme l'illustre le triangle impossible de Penrose (*cf.* Figure 4).

D'ailleurs selon Dennett, « la conscience ressemble à cet égard à un *spectacle* de magie, à un ensemble de phénomènes qui exploitent notre crédulité, et même notre désir d'être bernés, déboussolés, frappés de stupeur » (Dennett 2012, p. 99). Ce constat peut s'appliquer à notre univers mental mathématique et entraîne un impact non négligeable sur les méthodes envisageables pour étudier le problème des entités mathématiques. Rappelons-nous en effet que l'un des principes fondateurs de la philosophie est précisément de considérer que tout phénomène, y compris relevant du domaine de notre activité mentale, est intelligible et susceptible d'être analysé et compris par la raison. Or les résultats obtenus dans les sciences cognitives, en particulier la découverte des biais cognitifs en neurosciences (Lebel et Paquette 2015), nous amènent à relativiser la méthode philosophique pure et à mettre en question d'éventuelles limites de nos capacités d'introspection, autrement dit de l'aptitude métacognitive de l'esprit à s'étudier lui-même. Il nous faut donc considérer le fait capital suivant : le ressenti introspectif du mathématicien et la production par le cerveau de l'univers mental mathématique agissent comme un voile qui dissimule la véritable nature des entités mathématiques.

Figure 4 – Le triangle impossible de Penrose, qui a notamment inspiré l'artiste M.C. Escher

Dehaene et Dennett nous alertent sur le fait que l'introspection et la raison ne sont sans doute pas en mesure à elles seules de déchirer ce voile, et l'histoire semble bien leur donner raison : à ce jour les différents courants de la philosophie des mathématiques portant sur la nature des mathématiques restent en concurrence, et aucun argument issu d'un raisonnement philosophique n'a su se montrer décisif ni permis de clairement trancher pour l'une ou l'autre des positions. Non qu'il faille renoncer entièrement à l'approche philosophique, mais c'est précisément à ce stade, quand l'analyse purement rationnelle semble buter sur ce « goulet d'étranglement » de l'univers mental mathématique vers lequel convergent tous les courants philosophiques, que la démarche naturaliste se révèle la plus à même de fournir des contributions si ce n'est décisives, tout au moins significatives.

Le modèle des sciences de la vision

En quoi les neurosciences peuvent-elles se montrer utiles ? Peuvent-elles d'ores et déjà prétendre à certains succès dans la démarche de naturalisation ? Dans sa présentation de la théorie des neurones miroirs[31], Andler établit un constat qui, si l'on veut bien le généraliser aux neurosciences cognitives dans leur ensemble, apporte des éléments de réponse à la première question (Andler 2016, p. 221) :

> *« La théorie des neurones miroirs peut bien être entachée de profondes erreurs, […] [elle] étend nos capacités d'attaque de problèmes difficiles que nous ne savions pas par quel bout prendre. Elle montre qu'il existe des voies inattendues,*

---

[31] Des réseaux de neurones qui s'activent lors de la réalisation d'une action, s'activent également lorsque l'on regarde un autre individu réaliser cette même action. Certains chercheurs attribuent notamment à ce mécanisme de neurones-miroirs notre capacité à prêter une intention à une autre personne, mais cette hypothèse reste très débattue.

longtemps inimaginables, par lesquelles la naturalisation de certains phénomènes peut s'effectuer. »

Comme c'était le cas avec la proposition de Penrose, la vertu cardinale des neurosciences cognitives est donc de stimuler la réflexion en offrant une nouvelle vision, parfois audacieuse, d'un phénomène.

Andler nous donne également une réponse précise à la seconde question. Selon lui, les neurosciences ont clairement constitué un ensembles de contributions, à la fois inédites et percutantes, à la compréhension du fonctionnement de notre cerveau et, par conséquent, à la compréhension des phénomènes mentaux eux-mêmes. Toujours selon Andler, l'exemple le plus probant et le moins contestable d'une naturalisation réussie serait celui de l'étude de la vision. Dans ce domaine au carrefour de nombreuses disciplines – philosophie, psychologie, biologie, mathématiques, arts visuels, etc. parfois réunies sous l'étiquette *sciences de la vision* – « les neurosciences ont pu radicalement modifier non seulement l'état des connaissances, mais le cadre même dans lequel on pense désormais la vision » (*ibid.*, pp. 213-215). Il est frappant en effet de constater combien les phénomènes liés à la vision ont pu être compris et naturalisés sous de nombreux aspects : lois de l'optique, anatomie et mouvements de l'œil, perception des couleurs, parcours et codage des signaux optiques, aires corticales impliquées, pathologies tant physiologiques que cérébrales, etc.

Or il nous apparaît à la fois intéressant et légitime d'établir un parallèle entre l'univers mental mathématique et la vision, démarche appuyée par le constat d'Andler que la ressemblance avec la vision pourrait constituer un critère pour estimer la possibilité de naturaliser un phénomène mental ; la difficulté est alors de cerner la nature et l'étendue de cette ressemblance (*ibid.*, p. 213). Le cas (V2) semble bien établir notre appréhension des mathématiques comme une véritable forme de perception : un phénomène physique, modélisable scientifiquement, assurerait une interaction causale avec le monde platonicien et des signaux seraient donc reçus par le cerveau. On peut donc légitimement admettre que ces signaux feraient l'objet de traitements neuronaux, comme dans le cas de la vision, pour constituer notre univers mental mathématique. Le modèle (V1) semble plus problématique au premier abord et nécessiterait de présenter des arguments justifiant que le cerveau produise un ressenti de perception vis-à-vis d'un « simulateur » interne d'objets et de propriétés mathématiques. On peut penser par exemple à des arguments évolutionnistes[32]. Quoi qu'il en soit, la captation de données issues d'un phénomène physique se déroulant à l'intérieur du cerveau et le traitement de ces données pourraient être considérés comme une forme de perception, aboutissant encore une fois à la construction mentale d'un paysage mathématique. Concédons par conséquent une certaine proximité entre la vision et l'univers mental mathématique, suffisante pour justifier la ressemblance requise par Andler, et examinons trois enseignements issus des sciences de la vision qui pourraient éclairer notre réflexion.

Une première remarque conforte la critique d'une approche purement introspective : ce qui est donné des mécanismes de la vision à notre conscience – la vue, une image unifiée présentant des caractères d'homogénéité, d'isotropie et d'instantanéité (*ibid.*, p. 214) – rend pratiquement impossible une analyse rationnelle permettant d'induire les mécanismes physiques et neuronaux sous-jacents. Sans les apports scientifiques – issus de disciplines diverses comme la biologie, l'optique, les mathématiques, etc. – nous aurions été dans l'incapacité presque totale d'analyser et d'expliquer les phénomènes liés à la

---

[32] Penrose développe une courte réflexion sur cette question du rôle de l'évolution dans la compréhension mathématique. Voir (Penrose 1995, pp. 137-140).

vision, tant normaux (par exemple la cécité au changement) que pathologiques (par exemple l'héminégligence). Pour Andler, cela achève « de ruiner ce qui peut rester de notre confiance en notre conception intuitive ».

Ce constat nous amène instantanément à une deuxième remarque, coïncidant avec la mise en garde de Dennett et Dehaene : l'univers mental mathématique est nécessairement un produit du cerveau, présentant certaines caractéristiques en commun avec le produit de la vision, notamment l'unicité et l'homogénéité. Comme nous allons le voir un peu plus loin concernant notre capacité à dénombrer, l'activité mathématique en général est tout comme la vision le résultat d'un grand nombre de processus cérébraux qui s'exécutent en parallèle. L'univers mental mathématique est donc composite, mais à quel point est-il une illusion ou tout au moins une construction arbitraire du cerveau ?

On sait pour la vision que le cerveau traite les données sensorielles reçues par la rétine selon plusieurs modalités ; il réalise par exemple une synthèse des stimulus visuels issus de deux sources (vision binoculaire) pour générer une sensation de profondeur. Ces opérations altèrent, voire détruisent une partie de l'information brute reçue. On pourrait comparer cela à la phase de compilation d'un programme informatique conçu dans un langage de programmation de haut niveau comme le C : certaines informations, telles que la structure des classes d'objets (au sens informatique), se trouvent « écrasées » lors de la traduction en langage machine et ne sont ni récupérables ni susceptibles d'une induction complète par une décompilation du code exécutable. A l'inverse, le cerveau peut également *inventer* de l'information visuelle, par extrapolation, notamment pour combler les déficits perceptifs résultants des taches aveugles ; ces zones de la rétine correspondent à l'orifice de liaison avec le nerf optique et ne peuvent donc contenir des cellules photoréceptrices. Or si l'on voit cette capacité du cerveau à produire de l'unité et de la continuité – par ajout ou par retrait d'informations – comme un tropisme, une tendance naturelle, on ne peut que conclure que notre univers mental mathématique comporte lui aussi potentiellement des « taches aveugles » comblées par extrapolation, ainsi que des pertes d'informations sur certains aspects des mathématiques.

Une troisième et dernière remarque découle d'un autre constat des neurosciences sur la vision : « à l'évidence introspective d'une unité de la vision [...], ne correspond aucune unité ou simplicité de l'appareil cérébral qui assure la fonction visuelle » (Andler 2016, p. 214). C'est un résultat généralisable à l'ensemble des phénomènes mentaux, dont l'apparente simplicité dissimule des mécanismes cérébraux multiples. On retrouve cette dichotomie dans d'autres domaines impliquant les mathématiques. En informatique, une opération mathématique simple comme un produit nécessite par exemple une formalisation algorithmique complexe en actions primitives du processeur. Il est inévitable de considérer que les fondements neuronaux de l'activité mathématique n'échappent pas à cette règle ; autrement dit il n'y a pas nécessairement de corrélation entre la complexité d'un concept mathématique et celle des processus neuronaux mis en jeu dans son traitement. Au contraire, les capacités mathématiques élémentaires semblent bien résulter de multiples processus autonomes. Michel Fayol, chercheur en psychologie, exprime clairement ce point de vue (Fayol 2018, p. 13) :

> *« Les capacités arithmétiques ne constituent pas un phénomène unitaire. Elles sont justiciables d'une analyse en composantes élémentaires, modules de traitement autonomes [...], par exemple la production en chiffres arabes ou le calcul des soustractions. »*

Or cet état de fait révèle un travers méthodologique souvent adopté en philosophie des mathématiques : choisir un concept mathématique en apparence « simple » pour en faire le point de départ d'une analyse ontologique rationnelle. L'exemple le plus frappant est bien entendu le concept de nombre. La littérature philosophique abonde en tentatives de percer le secret de la nature des nombres entiers naturels, mais à l'unisson des conclusions du dilemme de Benacerraf, l'impossibilité d'articulation entre sémantique et syntaxe se dresse toujours en obstacle à toute clôture définitive de la question[33]. En parallèle, les recherches en neurosciences cognitives ont permis de mettre en lumière des mécanismes cérébraux en action lorsque l'on a besoin de quantifier, c'est-à-dire répondre à la question « combien y en a-t-il ? ». Trois de ces mécanismes ont été mis évidence (Fayol 2018, pp. 39-72; Dehaene 2014, pp. 73-99) concernant nos capacités à déterminer la *numérosité* d'un ensemble, c'est-à-dire son cardinal. Dans le cas d'ensembles comportant jusqu'à trois ou quatre objets, le cerveau est capable d'une réponse rapide et juste ; ce processus a été dénommé *subitizing*. Si l'ensemble contient cinq éléments ou plus, la réponse perd à la fois en rapidité et en justesse, l'effet s'accentuant avec la grandeur du cardinal considéré ; le cerveau procède dans ce cas à une *estimation approximative*. Enfin, la méthode procédurale du *dénombrement* permet un décompte précis et fiable, mais au prix d'une dépense d'énergie mentale et d'un temps de traitement élevés. La découverte de ces mécanismes n'a été permise que par l'utilisation de méthodes d'investigation scientifiques, développées par la psychologie[34] et les neurosciences cognitives ; l'introspection rationnelle ou

[33] Citons par exemple cet article majeur : (Benacerraf 1965), traduction française dans (Gandon et Smadja 2013, pp. 45-73). Cette question de nature des nombres souffre d'autres difficultés, comme le fait que les entiers naturels supportent plusieurs axiomatisations mathématiques, ontologiquement différentes mais compatibles avec les propriétés de ces entiers.

[34] La limitation de comptage instantanée à trois ou quatre éléments était par exemple connue depuis les expériences du psychologue américain John McKeen Cattell en 1886 (Dehaene 2014, p. 76).

philosophique n'a jamais été en mesure auparavant de discerner ces mécanismes autonomes à travers la seule image mentale imposée par le cerveau, qui fabrique encore une fois une « illusion » d'unité et de continuité entre ces trois processus.

Finalement, grâce à l'analogie tissée entre la vision et l'univers mental mathématique, nous avons dressé un certain nombre de diagnostics sur les biais possibles dans notre compréhension de nos capacités mathématiques. Ces diagnostics vont permettre d'établir quelques pistes méthodologiques pour une démarche de naturalisation du platonisme mathématique.

Des perspectives pour l'enquête naturaliste

Les sensations d'unité et de continuité produites par le cerveau – dont on ignore à quel point elles affectent la pertinence de notre univers mental mathématique – amènent plusieurs remarques.

La première est que ce risque de mystification par notre cerveau devrait conduire à nuancer la méthode de naturalisation la plus commune, celle consistant à exiger d'un groupe de processus cognitifs ou neuronaux qu'il explique ou corresponde pleinement à un concept mathématique supposé élémentaire. Car comme nous l'avons déjà noté, nous sommes amenés à devoir mettre en doute notre perception unifiée des mathématiques ainsi que la formalisation *humaine* de celles-ci. Cette perception pourrait comporter des biais d'analyse, comparables au biais d'anthropomorphisme bien connu en éthologie : les éthologues se doivent de décrire le plus factuellement les comportements observés, et d'éviter « les catégories subjectives pour parler le langage de la physiologie » comme l'usage « des termes "effrayé" et "en colère", qui impliquent à la fois une observation et une interprétation » (Renck et Servais 2002, p. 71). Considérons la vision en niveaux d'organisation du cerveau proposée par Changeux (*cf.* Figure 5). Dans cette perspective, la méthode habituelle de naturalisation philosophique peut être qualifiée de « descendante » : on part des couches hautes – les mathématiques sont considérées comme relevant de l'entendement et de la raison – pour analyser et évaluer les couches basses, qui offrent une meilleure prise à l'étude scientifique. Mais à cause des biais évoqués, et

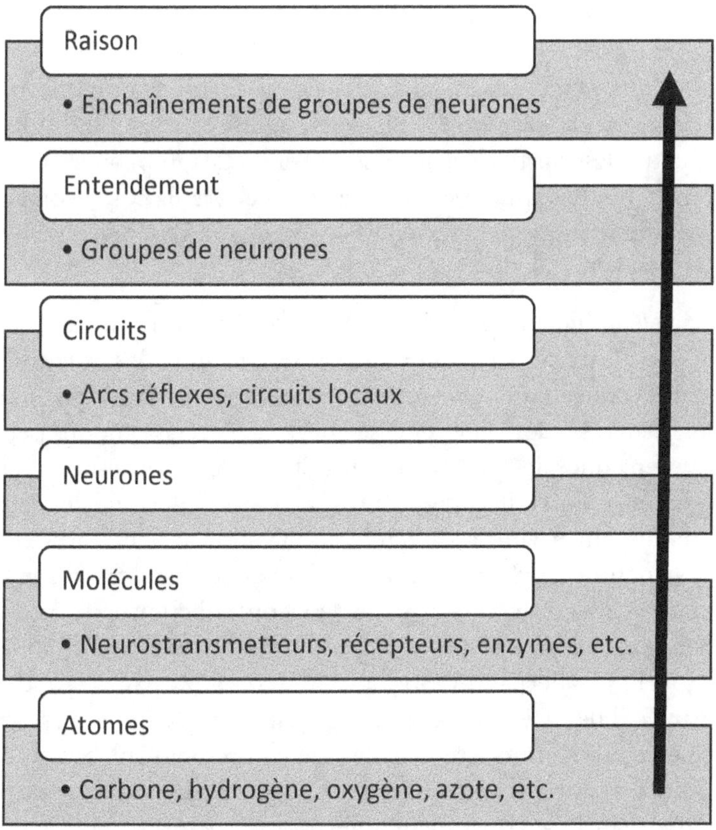

Figure 5 – Niveaux d'organisation dans le système nerveux
D'après (Changeux et Connes 1992, p. 135)

pour éviter en particulier un biais de « mathématicomorphisme »[35], il conviendrait alors de compléter cette méthode *descendante* par une approche *ascendante*, consistant à tenter de comprendre la nature des mathématiques (couches hautes) à partir des phénomènes physiques et des processus cognitifs élémentaires connus (couches basses), peut-être en développant au passage de nouvelles approches formelles des mathématiques. Changeux soutient cette position en affirmant que toute épistémologie « doit inclure la description de l'appareil de connaissance et de son fonctionnement, c'est-à-dire [...] de la manière dont [notre cerveau] produit les objets mathématiques » ; il est convaincu que cette description des fonctions cérébrales impliquées dans l'activité mathématique « permettra d'améliorer la connaissance des mathématiques elles-mêmes » (Changeux et Connes 1992, pp. 118-119).

En se limitant à la méthode *descendante*, on risque de créer des blocages de principe, sous prétexte que le résultat des processus cognitifs considérés ne ressemble pas au concept mathématique visé. Dans le domaine des sciences de la vision, on peut imaginer que les premiers résultats des recherches en physiologie de l'œil auraient pu être vivement contestés, par exemple concernant la caractéristique suivante : l'œil présente une structure de chambre noire et l'image qui se forme sur la rétine est inversée, ce qui paraît en contradiction avec notre ressenti de voir « à l'endroit ». Un exemple représentatif nous est fourni par Fernand Doridot et Marco Panza dans (Doridot et Panza 2004). Les auteurs s'interrogent en effet sur la thèse de Dehaene, qui considère que les deux premiers mécanismes cognitifs exposés plus haut – *subitizing* et estimation approximative – constituent une capacité « inscrite dans [le] patrimoine génétique » de perception et de représentation des

[35] Si l'on veut bien oser ce néologisme pour faire écho à l'anthropomorphisme redouté en éthologie.

nombres, et peuvent être vus comme un organe du cerveau dédié aux mathématiques. Ils se montrent en particulier sceptiques sur la qualification mathématique de cette capacité :

> *« Nous cherchons plutôt à montrer que la capacité innée dont [la thèse de Dehaene] relève ne doit pas être confondue avec une compétence qui soit déjà mathématique et ne peut être tout au plus qu'une condition préalable à la formation d'une telle compétence. [...]*

Panza et Doridot considèrent qu'il n'y a pas identité entre les réseaux de neurones activés par la perception d'une numérosité et les nombres vus comme « entités » du système formel qu'est l'arithmétique. Les auteurs reprochent d'ailleurs à Dehaene d'utiliser le vocabulaire mathématique – par exemple « addition » ou « soustraction » – pour qualifier des opérations effectuées par le cerveau et qui selon eux ne correspondent pas aux opérations définies dans les mathématiques formelles. Tout au plus concèdent-ils le qualificatif de « pré-arithmétique » aux capacités évoquées. Ironiquement, Dehaene affiche lui-même un certain mépris envers le *subitizing*, au regard des possibilités illimitées et de la précision permise par le comptage algorithmique et les mathématiques modernes (Dehaene 2014, p. 103). On voit clairement ici se dessiner la méthode *descendante* : les auteurs évaluent les processus cognitifs par le prisme des mathématiques formelles, considérées comme une donnée évidente et objective. Or c'est précisément la modalité d'existence des entités mathématiques, y compris leur formalisation en système, ainsi que le sentiment d'évidence de cette existence qui sont mis en question dans notre réflexion sur la naturalisation du platonisme. Une méthode *ascendante* – finalement plus conforme à l'approche naturaliste – pourrait au contraire s'attacher à prendre comme point de départ les mécanismes cognitifs impliqués dans la construction mentale des nombres. Les reproches de Panza et Doridot semblent par exemple infirmés par des études récentes : Helen De Cruz rapporte que des recherches sur la dyscalculie (Mussolin et al. 2010) ainsi que sur des patients souffrant de lésions au cerveau montrent que « l'arithmétique symbolique, y compris les opérations simples comme l'addition et la soustraction, reposent de manière cruciale sur notre capacité à représenter les numérosités »[36] (De Cruz 2016, p. 4). Dans le cadre de cette méthode *ascendante*, il pourrait se révéler pertinent de tenter de construire une nouvelle formalisation mathématique des nombres, qui ne s'appuierait plus sur la théorie des ensembles (voir par exemple Benacerraf 1965), mais rendrait compte au contraire des spécificités des mécanismes neuronaux impliqués dans l'activité mathématique. On pourrait alors espérer d'une telle approche qu'elle mette en évidence d'éventuelles « taches aveugles » ou mystifications engendrées par le cerveau, et qu'elle nous éclaire par exemple sur la nature véritable, sans doute composite, des nombres.

En complément, la question d'un éventuel lien entre évolution et capacités mathématiques du cerveau se pose naturellement. Si l'on considère que ces capacités sont bien le résultat d'un processus évolutionnaire, on peut en effet se demander si la réponse évolutive adoptée par le cerveau présente seulement un caractère utilitaire, pragmatique – il ne serait pas nécessaire pour la survie de percevoir avec précision des quantités supérieures à huit –, ou si au contraire elle ne serait pas porteuse d'une certaine vérité sur le réel et les nombres eux-mêmes. Nous avons vu que, du fait que l'univers mental mathématique est *fabriqué* par le cerveau, Dehaene conclut à « l'origine humaine des objets mathématiques », autrement dit adopte une position nominaliste. Or certains philosophes soutiennent au contraire que les processus neuronaux associés à l'activité mathématique et leur

---

[36] Traduit de l'original par l'auteur : « Symbolic arithmetic, including simple arithmetical operations such as addition and subtraction, crucially depends on our ability to represent numerosities. »

justification évolutive sont une preuve en faveur du réalisme mathématique. De Cruz explique ainsi qu'en première analyse, les considérations évolutionnistes semblent appuyer une position antiréaliste (De Cruz 2016) : si une proposition mathématique P est vraie dans le monde platonicien causalement séparé, mais que dans le monde physique la croyance que $\neg P$ est plus favorable du point de vue de la sélection naturelle, alors c'est cette dernière que le cerveau va adopter. Ce raisonnement tendrait à montrer que nos croyances mathématiques se révèlent indépendantes d'une valuation de propositions peuplant un domaine abstrait acausal. Cependant, en examinant en particulier les capacités humaines et animales à évaluer les numérosités, De Cruz constate que si l'hypothèse antiréaliste peut s'accorder au mécanisme de *subitizing*, elle n'est pas en mesure d'expliquer certaines spécificités du mécanisme d'*estimation approximative* (« approximate magnitudes ») : plusieurs études (Cantlon et al. 2006 ; Dadda et al. 2009) tendent en effet à montrer que dans l'évaluation de la numérosité de grands ensembles – par exemple des bancs de poissons –, le nombre d'éléments a un plus grand poids que d'autres paramètres physiques sensibles, comme la taille apparente et la densité. La meilleure explication à cette modalité d'évaluation, selon De Cruz, est que le cerveau présente une tendance à rechercher dans la réalité physique des propriétés propres aux nombres ; ces propriétés réalistes des nombres joueraient donc un rôle central dans nos capacités numériques et mathématiques.

Nous avons enfin remarqué que notre univers mental mathématique était compatible avec les différents courants de philosophie des mathématiques. Dans le cas des positions purement syntaxiques, par exemple le formalisme d'Hilbert, cet univers ne refléterait aucune objectivation ontologique des entités mathématiques et se présenterait en totalité comme un mirage. Dans les positions réalistes au contraire, cet univers serait le produit d'une perception de véritables objets aux propriétés indépendantes ; la fidélité de l'univers mental mathématique aux objets perçus serait alors à évaluer et à expliquer. On peut bien sûr espérer de l'enquête naturaliste qu'elle tranche en faveur de l'une des positions, mais une troisième voie, plus nuancée, est également possible. Dans une fable indienne, dont un poème de l'américain John Godfrey Saxe est l'une des plus célèbres adaptations, six hindous aveugles découvrent au toucher un éléphant, animal qu'ils n'ont jamais rencontré auparavant (Godfrey Saxe 1868, p. 259). Chacun explore une partie différente de l'éléphant – flanc, oreille, trompe, défense, etc. – et naturellement une dispute éclate lorsque vient le moment de confronter les descriptions : ces dernières semblent inconciliables, et l'éléphant apparait dans cette situation comme une impossible chimère. Seule l'intervention d'un sage, qui a une vision générale de l'animal, permet de résoudre l'énigme et de proposer un tableau global cohérent. Sur le modèle de cette fable, il est possible d'envisager que le panorama hétérogène des processus cérébraux liés aux mathématiques trahisse une pluralité ontologique des entités mathématiques. Une position proche est par exemple défendue par le philosophe Roi Wagner (Wagner 2017, pp. 37-38) : chacun des grands courants philosophiques pris séparément oblige à effectuer des choix tranchés – sur l'ontologie des entités mathématiques, le caractère analytique ou synthétique des vérités, etc. – mais selon Wagner rien ne garantit que les mathématiques soient « monolithiques ». Au contraire, si l'on veut « penser les mathématiques comme un tout, nous devons reconnaître que les différentes philosophies des mathématiques capturent différents aspects de la pratique mathématique »[37] (*Ibid.*, p. 38). Si une telle situation composite pouvait être mise en évidence, la tâche des sciences cognitives serait alors double. Il leur faudrait tout d'abord discerner parmi les entités

[37] Traduit de l'original par l'auteur : « If we want to think of mathematics as a whole, we need to acknowledge that the different philosophies of mathematics capture different aspects of mathematical pratice. »

mathématiques – sans doute en collaboration étroite avec les mathématiques fondamentales – celles qui relèvent d'une construction syntaxique de celles qui sont des objets aux propriétés fixes et intrinsèques. Il serait ensuite nécessaire de déterminer et d'expliquer les stratégies neuronales adoptées par le cerveau pour articuler ces entités et créer une sensation d'unité et de continuité.

Conclusion

Le naturalisme scientifique contemporain, initié et promu en particulier par Quine, a connu un développement important et une influence grandissante à partir du milieu du 20e siècle ; il a fait office de terreau philosophique aux sciences cognitives dans leur tentative de mettre à jour et de comprendre les arcanes de l'esprit humain dans toutes ses nuances. Et si la compréhension du mystère de la conscience reste sans doute l'idéal le plus élevé des recherches menées dans ces disciplines, le rapport de l'esprit humain aux mathématiques constitue également l'un des objectifs majeurs des sciences cognitives. Dans le cadre de ces recherches, nous nous sommes demandé s'il était possible d'inscrire le platonisme mathématique – cette position philosophique si spontanée qui nous fait concevoir les mathématiques comme un univers peuplé de vérités et d'objets abstraits et indépendants – dans une démarche naturaliste. Si cette naturalisation s'avérait possible, permettrait-elle de répondre aux difficultés philosophiques du platonisme mathématique, en particulier le problème de l'accès et le dilemme de Benacerraf ?

Durant les années quatre-vingt-dix l'essor des neurosciences, favorisé par les progrès technologiques de l'imagerie médicale, a confirmé le déclin de l'influence de l'intelligence artificielle au sein des sciences cognitives. C'est dans ce contexte de glissement paradigmatique que Penrose a publié, essentiellement au travers de trois ouvrages, sa proposition de théorie de l'esprit ; celle-ci s'appuie sur l'idée centrale qu'un phénomène quantique de nature non calculable rendrait possible, en se produisant au cœur des neurones, une qualité mentale nécessaire à l'émergence de la conscience mais également de l'entendement mathématique. Cette proposition, sans doute imparfaite et incomplète, présente cependant plusieurs mérites qui ont guidé notre réflexion.

En premier lieu nous avons vu que la diversité des réponses et des critiques reçues, si elle démontre l'intérêt suscité, trahit également les tensions entre scientifiques et philosophes concernant les questions touchant à la naturalisation de l'esprit. La réputation et l'attitude exemplaire de Penrose, la publication de ses ouvrages sur le « terrain neutre » de l'édition grand public ont permis la considération de cette proposition par les milieux philosophiques et scientifiques, mais la virulence de certains échanges interroge le contexte institutionnel : à l'unisson du constat établi par Nùñez (Nùñez et al. 2019) sur le déficit d'interdisciplinarité au sein des sciences cognitives, il pourrait se révéler profitable d'imaginer des ajustements organisationnels propres à favoriser les tentatives de rapprochements interdisciplinaires, dans lesquelles s'inscrirait la naturalisation du platonisme mathématique. Panza et Doridot arrivent à une conclusion similaire (Doridot et Panza 2004), exprimant la nécessité d'une collaboration plus intégrée entre philosophie, histoire des mathématiques et sciences cognitives.

Sur le plan philosophique, nous avons noté que la proposition de naturalisation de Penrose portait moins sur les fondements du platonisme mathématique que sur l'accès aux vérités mathématiques. En effet, si Penrose justifie assez succinctement une adhésion de principe au platonisme, il développe en revanche très longuement des arguments basés essentiellement sur le premier théorème d'incomplétude de Gödel et la mécanique quantique, pour appuyer sa thèse d'un phénomène physique non calculable de « réduction objective » se produisant dans les microtubules neuronales et permettant au cerveau d'appréhender les propriétés des entités mathématiques. Bien que les mécanismes menant en pratique de ce phénomène à la compréhension mathématique ne soient pas décrits, nous avons conclu que cette proposition semblait bien répondre, en théorie, aux demandes de Benacerraf exprimées dans le cadre de son dilemme. Cette conclusion est intéressante en ce qu'elle permet de concevoir une forme possible de réponse au dilemme de Benacerraf : le théorème de Gödel, qui a séparé vérité et prouvabilité, trahirait l'existence d'un autre mécanisme de connaissance des vérités mathématiques – c'est l'intuition de Penrose – qui compléterait le mécanisme syntaxique de démonstration, mais qui serait également mis en jeu dans notre accès général à la connaissance.

L'examen de la proposition de Penrose nous a indiqué par ailleurs que le problème de l'accès pourrait bien être le nœud central de la question de la naturalisation du platonisme mathématique. Car la modalité épistémique d'accès aux entités mathématiques informe l'ontologie de ces entités. Cet axe d'analyse nous a permis de conclure rapidement sur le cas du « platonisme mystique », dans lequel le mécanisme d'accès au monde platonicien échappe aux sciences physiques : cette version du platonisme mathématique n'est pas naturalisable, le monde platonicien étant alors causalement séparé du monde naturel.

En revanche, dès que l'on considère un mécanisme d'accès relevant de la physique, deux variantes ontologiques apparaissent : dans la première l'univers mental mathématique est entièrement fabriqué par le cerveau, à partir des propriétés mathématiques contenues dans le réel au sens aristotélicien ; tandis que dans la seconde on a envisagé que le monde platonicien jouisse d'une existence physique au même titre que notre monde usuel, séparé en grande partie de ce dernier mais causalement relié par un ensemble restreint de phénomènes physiques. Nous avons établi que dans les deux cas le cerveau produisait une sensation d'existence propre, d'unité et de continuité de l'univers mental mathématique, et que ce fonctionnement mental se prêtait idéalement à une naturalisation par les sciences cognitives. Cette démarche de naturalisation devrait être complétée par le biais des sciences physiques et de la physiologie, en étudiant les phénomènes physiques en action dans le cerveau : dans la première variante, celle du « platonisme illusoire », il s'agirait des phénomènes utilisés par le cerveau pour « extraire » les propriétés mathématiques ; dans la seconde variante, il s'agirait des interactions physiques permises entre notre monde usuel et le monde platonicien.

Dans le cadre de ces deux variantes ontologiques – « platonisme illusoire » et « univers parallèle » – il se révèle donc possible d'envisager raisonnablement une démarche de naturalisation du platonisme mathématique. Cette entreprise devra faire face à de nombreuses difficultés, institutionnelles nous l'avons vu, mais également conceptuelles : sur le modèle de la naturalisation de la vision, la naturalisation du platonisme devra opérer à toutes les étapes de l'activité mathématique de notre cerveau, de la perception des propriétés mathématiques à la fabrication de notre univers mental mathématique ; en mobilisant différentes sciences, elle devra se montrer capable de clarifier le cheminement depuis les strates matérielles – les différentes structures du cerveau – vers les strates abstraites – notre ressenti du paysage mathématique. Ce travail engendrera sans doute des propositions dans un premier temps incomplètes et spéculatives, comme celle de Penrose, mais dont le mérite essentiel sera de jeter des ponts, de progressivement tisser des liens entre les différentes couches conceptuelles et ainsi d'orienter la recherche.

Enfin une naturalisation convaincante du platonisme mathématique devra également rendre compte de la possible diversité ontologique des entités mathématiques, et par conséquent proposer une articulation entre les différentes positions en philosophie des mathématiques.

Bibliographie

Amalric, Marie. 2017. « Study of the brain mechanisms involved in the learning and processing of high-level mathematical concepts. » Paris : Université Pierre et Marie Curie - Paris VI. https://tel.archives-ouvertes.fr/tel-01636137/document.

Andler, Daniel. 2016. *La silhouette de l'humain : quelle place pour le naturalisme dans le monde d'aujourd'hui ?* Coll. NRF essais. Paris : Gallimard.

Armstrong, David M. 1999. « A Naturalist Program: Epistemology and Ontology ». *Proceedings and Addresses of the American Philosophical Association* 73 (2), pp. 77-89. https://doi.org/10.2307/3131088.

Bachelard, Gaston. 2013. *Le nouvel esprit scientifique.* Paris, France : Presses universitaires de France.

Bailly, Sean. 2020. « Une interprétation de la mécanique quantique à l'épreuve de l'expérience ». Pour la science. Pour la Science. 19 novembre 2020. https://www.pourlascience.fr/sd/physique/une-interpretation-de-la-mecanique-quantique-a-lepreuve-de-lexperience-20249.php.

Barreau, Hervé. 2013. *L'épistémologie.* 8e édition mise à jour. Coll. Que sais-je ? 1475. Paris : Presses Universitaires de France.

Basdevant, Jean-Louis, et Jean Dalibard. 2011. *Mécanique quantique.* Palaiseau, France : Les éditions de l'École Polytechnique.

Bayart, Frédéric. s. d. « Raisonnement par analyse-synthèse ». Bibmaths.net. Consulté le 28 août 2020. http://www.bibmath.net/dico/index.php?action=affiche&quoi=./a/analysesynthese.html.

Benacerraf, Paul. 1965. « What Numbers Could Not Be ». *The Philosophical Review* 74 (1).

———. 1973. « Mathematical Truth ». *The Journal of Philosophy* 70 (19), pp. 661-79.

Bloch, Laurent. 2003. *Les systèmes d'exploitation des ordinateurs : histoire, fonctionnement, enjeux*. Paris, France : Vuibert.

Bourgeois, Thomas. 2006. *Dictionnaire d'histoire et philosophie des sciences*. Édité par Dominique Lecourt. Paris, France : Presses universitaires de France.

Boyer-Kassem, Thomas. 2015. « Les interprétations de la mécanique quantique ». *Implications philosophiques*, septembre. http://www.implications-philosophiques.org/actualite/une/les-interpretations-de-la-mecanique-quantique/.

Bravo, Felipe. 2017. « Platonisme Mathématique ». *L'Encyclopédie Philosophique* (blog). janvier 2017. http://encyclo-philo.fr/platonisme-mathematique-gp/.

Cantlon, Jessica, Elizabeth Brannon, Elizabeth Carter, et Kevin Pelphrey. 2006. « Functional imaging of numerical processing in adults and 4-y-old children ». *PLoS Biology*, n° 4, pp. 844-54.

Cassou-Noguès, Pierre. 2012. *Les démons de Gödel : logique et folie*. Paris, France : Éd. du Seuil.

Changeux, Jean-Pierre. 1983. *L'homme neuronal*. Paris, France : Fayard.

———. 2016. *L'homme neuronal, trente ans après : dialogue avec Jean-Pierre Changeux*. Édité par Michel Morange, Francis Wolff, et Frédéric Worms. Paris, France : Éditions Rue d'Ulm.

Changeux, Jean-Pierre, et Alain Connes. 1992. *Matière à pensée.* Paris, France : Seuil.

Collectif. 2019. *Mathématiques & Philosophie, En quête de vérités.* Coll. Bibliothèque Tangente 38. Paris, France : POLE.

Dadda, Marco, Laura Piffer, Christian Agrillo, et Angelo Bisazza. 2009. « Spontaneous number representation in mosquitofish ». *Cognition*, n° 112, pp. 343-48.

De Cruz, Helen. 2016. « Numerical cognition and mathematical realism ». *Philosophers' Imprint* 16 (16), pp. 1-13.

Dehaene, Stanislas. 2014. *La bosse des maths : quinze ans après.* Paris, France : Éditions Odile Jacob.

Delahaye, Jean-Paul. 2000. « Mathématiques et philosophie », n° 277 (novembre).

Dennett, Daniel Clement. 2012. *De beaux rêves : obstacles philosophiques à une science de la conscience.* Traduit par Claude Pichevin. Paris, France : Gallimard, impr. 2012.

Dirac, Paul Adrien Maurice. 1938. « The Relation between Mathematics and Physics ». *Proceedings of the Royal Society (Edinburgh)* 59 Part II, pp. 122-29.

Doridot, Fernand, et Marco Panza. 2004. « À propos des apports des sciences cognitives à la philosophie des mathématiques ». *Intellectica* 39 (2), pp. 263-87. https://doi.org/10.3406/intel.2004.1221.

Ducret, Jean-Jacques, et Guy Cellérier. 2019. « Philosophie - Le rapport de la philosophie avec les sciences ». Fondation Jean Piaget. 4 avril 2019. http://www.fondationjeanpiaget.ch/fjp/site/ModuleFJP001/index_gen_page.php?IDPAGE=217&IDMODULE=12.

Einstein, Albert. 1915. « Erklärung der Perihelbewegung des Merkur aus der allgemeinen Realtivitätstheorie ». *Sitzungsberichte der Königlich Preußische Akademie der Wissenschaften*, novembre, pp. 831-39.

Eisenstaedt, Jean. 2004. « Le long sommeil de la relativité générale ». *Pour la science*, septembre 2004. https://www.pourlascience.fr/sd/histoire-sciences/le-long-sommeil-de-la-relativite-generale-5650.php.

Engel, Pascal. 2010. « Peut-on naturaliser le platonisme mathématique ? » In *Construction: Festschrift for Gerhard Heinzmann*, édité par Pierre Edouard Bour, Manuel Rebuschi, et Laurent Rollet, 185-98. London, Royaume-Uni de Grande-Bretagne et d'Irlande du Nord : College publications.

Espinoza, Miguel. 1997. *Les mathématiques et le monde sensible.* Ellipses.

Fayol, Michel. 2018. *L'acquisition du nombre.* Paris, France : Presses universitaires de France/Humensis.

Gandon, Sébastien, et Ivahn Smadja, éd. 2013. *Philosophie des mathématiques : ontologie, vérité, fondements.* Traduit par Anne-Marie Boivert et Bruce Halimi. Paris, France : Librairie philosophique J. Vrin.

Gérini, Christian, et Jean-Marc Ginoux. 2012. « Le dernier savant universel, Henri Poincaré, mort en 1912 ». Le Figaro.fr. 16 juillet 2012. https://www.lefigaro.fr/sciences/2012/07/16/01008-20120716ARTFIG00482-le-dernier-savant-universel-henri-poincare-mort-en-1912.php.

Gödel, Kurt. 2001. *Collected Works. ... Publications 1938 - 1974.* Édité par Solomon Feferman et John W. Dawson, Jr. 1. issued as an Oxford University paperback. Vol. II. Oxford : Oxford Univ. Press.

Godfrey Saxe, John. 1868. *The poems of John Godfrey Saxe, complete in one volume.* Boston, USA : Ticknor and Fields.

Goichot, François. 2016. « Papyrus Rhind - Le portail des IREM ». Instituts de Recherche sur l'Enseignement des Mathématiques (IREM). 23 juin 2016. http://www.univ-irem.fr/spip.php?article1305.

Gusdorf, Georges. 1953. *Mythe et métaphysique : introduction à la philosophie.* Paris : Flammarion.

Jung, Carl Gustav. 1988. *Synchronicité et Paracelsica.* 2011e éd. Paris : Albin Michel.

Klein, Etienne. 2015. « Peut-on comprendre l'efficacité des mathématiques en physique ? | Etienne Klein ». 8 juin 2015. https://etienneklein.fr/peut-on-comprendre-lefficacite-des-mathematiques-en-physique/.

Koch, Christof. 2020. « Les machines peuvent-elles être conscientes ? » *Pour la science*, n° 508 (février), pp. 46.

Lebel, Hélène, et Richard Paquette. 2015. « 25 biais cognitifs qui nuisent à la pensée rationnelle ». Psychomédia. 22 février 2015. http://www.psychomedia.qc.ca/psychologie/biais-cognitifs.

Lecourt, Dominique. 2018. *La philosophie des sciences*. Paris, France : Presses universitaires de France-Humensis.

Lepeltier, Thomas, éd. 2013. *Histoire et philosophie des sciences*. Auxerre, France : Sciences humaines éditions.

Lucas, John. 1961. « Minds, machines and Gödel ». *Philosophy*, n° 36, pp. 120-24.

Mehl, Serge. 2002. « Nombres p-adiques ». Chronomath. 2002. http://serge.mehl.free.fr/anx/nb_p_adiq.html.

Mugnai, Massimo. 1999. « Penser, c'est calculer ». *Les génies de la science*, n° 28 (novembre). https://www.pourlascience.fr/sd/histoire-sciences/penser-cest-calculer-2070.php.

Mussolin, Christophe, Sandrine Mejias, et Marie-Pascale Noël. 2010. « Symbolic and nonsymbolic number comparison in children with and without dyscalculia ». *Cognition*, n° 115 (février), pp. 10-25.

Nùñez, Rafael. 2015. *D'où viennent les mathématiques ? : Corps, esprit et imaginaire humain*. Coll. Modélisations des imaginaires. Paris : Éditions Manucius.

Nùñez, Rafael, Michael Allen, Richard Gao, Carson Miller Rigoli, Josephine Relaford-Doyle, et Arturs Semenuks. 2019. « What happened to cognitive science? » *Nature Human Behaviour*, n° 3 (juin), pp. 782-91.

O'Connor, J.J., et E.F. Robertson. 2009. « Roger Penrose (1931-) ». MacTutor History of Mathematics. septembre 2009. https://www-history.mcs.st-andrews.ac.uk/Biographies/Penrose.html.

Olivier, Michel. 2015. *Quine*. Paris, France : les Belles lettres, 2015.

Panza, Marco, et Andrea Sereni. 2013. *Introduction à la philosophie des mathématiques : le problème de Platon*. Traduit par Ronan de Calan et Roberta Locatelli. Paris, France : Flammarion.

Parrini, Paolo. 2009. « Science et philosophie ». *Diogène* 228 (4), pp. 114-30. https://doi.org/10.3917/dio.228.0114.

Penrose, Roger. 1974. « Pentaplexity ». *Bull. Inst. Maths. Appl.* 10, pp. 266-71.

———. 1995. *Les ombres de l'esprit : à la recherche d'une science de la conscience*. Traduit par Christian Jeanmougin. Paris, France : InterEditions.

Penrose, Roger, et Martin Gardner. 1992. *L'esprit, l'ordinateur et les lois de la physique*. Traduit par Françoise Balibar et Claudine Tiercelin. Paris, France : InterEditions.

Penrose, Roger, Abner Shimony, Nancy Cartwright, Stephen Hawking, et Malcolm Longhair. 1999. *Les deux infinis et l'esprit humain*. Traduit par Roland Omnès. Paris, France : Flammarion.

Peyrefitte, Alain. 1994. *C'était de Gaulle*. Paris : Editions de Fallois : Fayard.

Putnam, Hilary. 1994. « The Best of All Possible Brains? » *The New-York Times*, 20 novembre 1994, Late Edition-Final édition. https://archive.nytimes.com/www.nytimes.com/books/97/04/27/nnp/17540.html.

Quine, Willard Van Orman. 2008a. « L'épistémologie naturalisée ». In *Relativité de l'ontologie et autres essais*, 187. Paris, France : Aubier.

———. 2008b. *Relativité de l'ontologie et autres essais.* Traduit par Jean Largeault. Paris, France : Aubier.

Quoist, Michel. 1979. *Réussir.* Paris : Éditions ouvrières.

Renck, Jean-Luc, et Véronique Servais. 2002. *L' éthologie: histoire naturelle du comportement.* Coll. Points. Paris : Ed. du Seuil.

Sakharov, Andreï. 1982a. « Many-sheeted models of the Universe ». *JETP* 56 (4), pp. 705-9.

———. 1982b. « Многолистные модели Вселенной ». *Pi'sma ZhÉTF* 82 (3), pp. 1233-40.

Susskind, Leonard, et Art Friedman. 2015. *Mécanique quantique, le minimum théorique.* Traduit par André Cabannes. Lausanne, Suisse : Presses polytechniques et universitaires romandes.

Symons, John. 2005. *Dennett : un naturalisme en chantier.* Traduit par Mathieu Aury. Paris, France : Presses universitaires de France, impr. 2005.

Tilloy, Antoine. 2019. « Et si la gravité n'était pas quantique ? » *Pour la science*, n° 495 (janvier), pp. 28-37.

Turing, Alan. 1936. « On Computable Numbers, with an Application to the Entscheidungsproblem ». *Proceedings of the London Mathematical Society* 45, pp. 230-65.

Valderas, José Maria. 2018. *La conscience.* Coll. Les défis de la science 3. La Garenne-Colombes : RBA.

Verdier, Norbert. 1997. *L'infini en mathématiques : un exposé pour comprendre ; un essai pour réfléchir.* Coll. Dominos. Paris : Flammarion.

Wagner, Roi. 2017. *Making and breaking mathematical sense: histories and philosophies of mathematical practice.* Princeton : Princeton University Press.

Wigner, Eugene. 1960. « The Unreasonable Effectiveness of Mathematics in the Natural Sciences ». *Communications in Pure and Applied Mathematics* 13 (I). http://www.dartmouth.edu/~matc/MathDrama/reading/Wigner.html.

Zwirn, Hervé. 2014. « Réconcilions la science et la philosophie ! » CNRS Le journal. 22 juillet 2014. https://lejournal.cnrs.fr/billets/reconcilions-la-science-et-la-philosophie.

———. 2020. « L'observateur, un défi pour la physique quantique ». *Pour la science*, n° 509 (mars), pp. 24-31.

Index

Structures éditoriales du groupe L'Harmattan

L'Harmattan Italie
Via degli Artisti, 15
10124 Torino
harmattan.italia@gmail.com

L'Harmattan Hongrie
Kossuth l. u. 14-16.
1053 Budapest
harmattan@harmattan.hu

L'Harmattan Sénégal
10 VDN en face Mermoz
BP 45034 Dakar-Fann
senharmattan@gmail.com

L'Harmattan Cameroun
TSINGA/FECAFOOT
BP 11486 Yaoundé
inkoukam@gmail.com

L'Harmattan Burkina Faso
Achille Somé – tengnule@hotmail.fr

L'Harmattan Guinée
Almamya, rue KA 028 OKB Agency
BP 3470 Conakry
harmattanguinee@yahoo.fr

L'Harmattan RDC
185, avenue Nyangwe
Commune de Lingwala – Kinshasa
matangilamusadila@yahoo.fr

L'Harmattan Congo
67, boulevard Denis-Sassou-N'Guesso
BP 2874 Brazzaville
harmattan.congo@yahoo.fr

L'Harmattan Mali
ACI 2000 - Immeuble Mgr Jean Marie Cisse
Bureau 10
BP 145 Bamako-Mali
mali@harmattan.fr

L'Harmattan Togo
Djidjole – Lomé
Maison Amela
face EPP BATOME
ddamela@aol.com

L'Harmattan Côte d'Ivoire
Résidence Karl – Cité des Arts
Abidjan-Cocody
03 BP 1588 Abidjan
espace_harmattan.ci@hotmail.fr

Nos librairies en France

Librairie internationale
16, rue des Écoles
75005 Paris
librairie.internationale@harmattan.fr
01 40 46 79 11
www.librairieharmattan.com

Librairie des savoirs
21, rue des Écoles
75005 Paris
librairie.sh@harmattan.fr
01 46 34 13 71
www.librairieharmattansh.com

Librairie Le Lucernaire
53, rue Notre-Dame-des-Champs
75006 Paris
librairie@lucernaire.fr
01 42 22 67 13

www.ingramcontent.com/pod-product-compliance
Lightning Source LLC
LaVergne TN
LVHW051403061026
849535LV00009B/3339
* 9 7 8 2 3 4 3 2 2 1 3 5 9 *